口絵 1　東南アジアの華やかな淡水魚たち

→ 詳細は図 1.20 参照.

口絵 2　カンボジア，雨季のトンレサップ湖の風景

→ 詳細は図 2.1 参照.

口絵 3　メコン川本流の水中写真（佐藤智之撮影）

→ 詳細は Box 5 参照.

口絵 4　アジアアロワナの幼魚
→ 図 2.7 より抜粋.

口絵 5　サクワマレーシア，イバン族の面々
→ 図 2.16 より抜粋.

口絵 6　ミャンマーの古代湖，インレー湖の風景
→ 詳細は本文 2.4 節を参照.

口絵 7　全透明鱗の「青鮒」

→ 詳細は Box 11 参照.

口絵 8　白神山地の風景

→ 図 3.21 参照.

本書で示すすべての図は http://ffish.asia/obr にてカラーで閲覧できる.

溺れる魚，空飛ぶ魚，消えゆく魚

モンスーンアジア淡水魚探訪

鹿野雄一［著］

コーディネーター　高村典子

共立出版

はじめに

尋ねられて「魚の研究をしている」と言うと，多くの方が海の魚を想像して，鯛や鮃（ひらめ）など美味しい魚が食べられていいですね，という反応が返ってくることは少なくない．いえ，鮒とか鯉とかの淡水魚です，と答えると口には出さないものの，それはまた地味な研究を……といったような怪訝な顔をされることも，やはり定番である．実際には，たとえば寒鮒（寒い時期のフナ）の刺身などは海水魚とは違った旨味を持っており絶品なのであるが，アユやニホンウナギなどの特別な淡水魚を除き，本邦において淡水魚の存在感はあまり大きくない．くわえてアユやニホンウナギが淡水魚かと言われれば，本文でも説明するように，狭義の淡水魚，純淡水魚ではない．そんな地味な淡水魚であるが，少なく見積もっても本邦だけで100 人以上の研究者がいる．それはなぜか．「生物多様性」ひいては「多様性」を哲学する上での研究対象として，興味深いからである．多様な生物が生きているこの世界にはどんな意味があるのか，生物多様性やそれを構成する各種の生物にはなぜ価値があるのか，そもそも多様性とは何なのか．

多様性は，身近な場所にも眠っている．いや眠っているどころか，世界はもはや多様性で構成されているとも言えよう．海外に出ればさまざまな言語に出くわし，日本の中でさえ地方に赴けば聞きなれない方言に悩まされる．人気アニメを見れば，たいてい無数のキャラクターたちがその魅力を好き放題に放っている．レストランにいけば美味そうな数多くのメニューに目移りし，コーヒー一杯飲むにしてもキリマンジャロだブルマンだのと講釈を垂れるはめになる．淡水魚を研究するにしても，やはり多様性から逃げることはできない．たとえば「銀色の魚が川で捕れた」ではお話にはならない．どの魚種が川のどんな場所で捕れたのか，そしてその個体はオスなのかメスなのか，捕れたのは夏なのか冬なのか昼なのか夜なのか，多様性の雲の中から一つひとつ情報を取り出す必要がある．生物多様性とは単に多種多様な生き物がいることではない．その多種多様なるものに直接的にも間接的にも関連する森羅万象をすべて酌んでこそ，生物多様性はより立体的なものとして，より興味深いものとして現れてくる．

どんな生物でも多様性研究の対象にはなるが，淡水魚には多様性に関する１つの大きな特徴がある．それは本文でも詳しく説明するが，地域性と密接に関係しているということである．いわば淡水魚はその地域性の１つのメタファーであり，象徴とも言えよう．今，世界では多くの自然環境や野生生物がその健全な存続を危ぶまれている．その中でも陸水生態系は，特に危機的である．その理由の１つは，人にとっても生物にとっても「水」は生命の源であり，どうしてもそこに人間と野生生物との間で競合や干渉が生じるからであろう．さらに，陸地すべてにおける人間活動の影響が，水という媒体を介して河川や湖沼に集められ，河川や湖沼の生態系の変化として現れてくるという理由もあるだろう．陸水生態系というと河川や水路などの線的なイメージ，もしくは湖沼など限定された範囲を想像しがちであるが，「流域」や「集水域」という水文学的概念からもわかるように，もはや雨の降るすべての陸地は，たとえそこに水はなくとも，広義の陸水生態系と考えてよい．逆に言えば，淡水環境を知ること，特に淡水環境の象徴的な生物である淡水魚を知ることで，その地域の陸上のさまざまな様相が見えてくる．海に囲まれた島国である日本では淡水魚と人々との関わりは近年少なくなったが，大陸が中心となるアジアのほとんどの地域では，それこそ日本人にとって海水魚がそうであるように，淡水魚は食文化の中心を担っている．アジアにおいて淡水魚はもっとも人間との関わりが深い野生生物の 1 つであり，陸水生態系ひいては地域全体の生態系を考える上で何よりの研究対象である．アジア各地の淡水魚を知ることは，広くその土地土地の自然環境，そして人々の暮らしや文化を知ることに他ならない．

アジアの中でも東南アジアと東アジアは広くモンスーンの影響を受けている．モンスーンは全体に湿潤な気候をもたらすため，水に生きる淡水魚類とも深く結びついている．筆者は 20 年間に渡り，このモンスーンアジア地域で淡水魚類の多様性や生態に関するフィールドワークを続けてきた．ときには重い感染症にかかり，ときには深い渓谷の中で一人遭難しかけ，ときには正体不明の蛇に噛まれ，ときにはホテルで寝ている間に窃盗に入られ，さまざまなリスクと向き合いながらも，まさに魚がいるその現場を五感で感じることにこだわってきた．そしてそれらのリスクを大きく超える何かを得ることができた．その「何か」を言語化することはなかなか難しい．現場はどこまでいっても現場であり，それを文字や写真によって完全に代替することはできない．真に現場を知るためには，やはり現場に赴くしか方法はない．それでもなんとか本書では，筆者がモンスーンアジアで見てきた淡水魚類多様性と彼らを取り巻く状況を，できるだけ現場に即した形で紹介したい．私の得た「何か」についてその片鱗だけでも読者の皆さんに感じていただけたらと思う．第 1 章では，モンスーンアジアの淡水魚類多様性をより深く理解する上での予備知識を解説するが，読み飛ばしていただいても構わない．第 2 章と第 3 章では図に示すように，筆者にとって特に興味深かった10の現場について，さまざまな魚たちの紹介も交えながら具体的に解説する．

どのような方々がこの本に目を通しているかは，筆者には想像がつかない．熱帯魚ファンや同業の魚類学者・生態学者は少なくともいるだろう．中には，将来は魚に携わる職業につきたいと思っている若者もいるかもしれない．魚や自然になんか興味はないけれど何の気なしに読んでいる方もおられるかもしれない．しかし，そのほとんどの方がおそらく今，エアコンの利いた部屋や電車の中で本書を手に取っていることだけは想像に難くない．本書を半分でも読んだところでゴミ箱にでも放り込んでいただき，タモ網を持って野外の現場に飛び出していただければ，いよいよパスポートを握りしめてアジアのフィールドに飛び出していただければ，筆者にとってこの本を書いた何よりの収穫である．

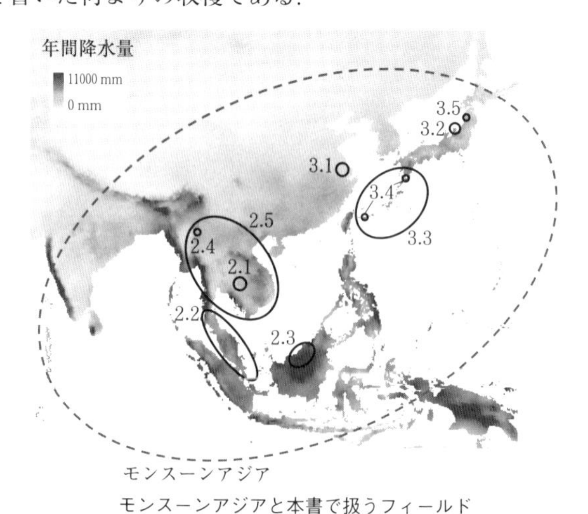

モンスーンアジアと本書で扱うフィールド
本書では東南アジアの5地域，東アジアの5地域における淡水魚多様性とそれを取り巻く環境について紹介する．

目　次

① モンスーンアジアの淡水魚類多様性 ………… 1

1.1 淡水魚とは何か　1
1.2 モンスーンアジアの淡水魚とその重要性　19
1.3 淡水魚と人々との関わり　28
参考文献　38

② 東南アジアの現場から ………… 42

2.1 カンボジア　42
2.2 半島マレーシア　52
2.3 サラワクマレーシア　60
2.4 ミャンマー・インレー湖　67
2.5 水力発電ダム開発とメコン川の未来　80
参考文献　87

③ 東アジアの現場から ………… 92

3.1 中国太湖流域，チャオシー川　92
3.2 佐渡ヶ島　100
3.3 南西諸島・奄美琉球地域　109
3.4 西表島と屋久島，滝と淡水魚　118
3.5 白神山地　126
参考文献　133

現場調査に関する付記 ………… 139

おわりに ………… 143

アジアの淡水魚，その魅力を将来へ
（コーディネーター　高村典子）……………………………… 146

索　引 ………………………………………………………… 154

Box

1. 歩く魚 ………………………………………………… 8
2. 溺れる魚 ……………………………………………… 22
3. 空飛ぶ魚 ……………………………………………… 24
4. アンコールワット，壁画に描かれた淡水魚 ………… 37
5. シェムリアップ淡水魚研究所 ………………………… 45
6. 淡水魚の龍虎 ………………………………………… 50
7. 天国に一番近い魚 …………………………………… 73
8. アジアの鯉 …………………………………………… 74
9. ドジョウは土生 ……………………………………… 103
10. 闘う魚 ……………………………………………… 113
11. 魚類学はフナに始まりフナに終わる？ …………… 116
12. イワナの多様性 …………………………………… 131

1

モンスーンアジアの淡水魚類多様性

淡水魚には海水魚と比較すると，進化学的・生態学的に地域固有性が高いという特徴がある．また，モンスーンアジアは雨量の多い地域であり河川や湿地が多く，淡水魚の種類も生物量も多い．そのためモンスーンアジアの魚類多様性は，世界的に見ても豊かかつ特異であり，「ホットスポット」としても大きく注目される地域でもある．モンスーンアジアにおいて淡水魚類は，資源や文化として人々との繋がりも深い．特にモンスーン気候に依存した稲作文化と淡水魚類多様性との間には，切っても切れない関係がある．

1.1 淡水魚とは何か

一口に淡水魚と言っても，その意味するところは幅広く定義も曖昧である．たとえば同じ淡水魚でも，一生淡水で生活する「純淡水魚」がいたり，川と海を行き来する「通し回遊魚」がいたりと，その生活史に違いがある．この生活史の違いは各種の移動分散を規定し，種の分布を決定づける重要な要因ともなる．たとえば純淡水魚は，歴史的に移動分散が限られていたため，地域固有の分布を示す傾向が高い．通し回遊魚でも，海水魚に比べればやはり地域固有性が一般に高い．生物多様性を評価するとき，単純に1つの場所に多種多様の生物がいればいいわけではない．これら淡水魚のように，他の場所にはいない固有の種がその地域にだけ分布することも，生物多様性の「豊かさ」として正当に評価されるべきであろう．

生物の分類と魚類

淡水魚のみならずあらゆる生物を理解する上でもっとも基本となるのが，生物分類の概念である．生物分類は，おもに門（もん）・綱（こう）・目（もく）・科（か）・属（ぞく）・種（しゅ）の階層構造からなる．門はかなり大雑把に生物をまとめたもので，たとえば節足動物門（昆虫綱，ムカデ綱，甲殻綱など）や軟体動物門（イカ・タコなどの頭足綱，巻貝綱，二枚貝綱など）などが代表的である．目の下位分類群である科では，目よりもある程度のまとまりを持っている．たとえばネコ科などがあり，イエネコやライオン，チーターなどがそうである．属になるとさらに小さなまとまりになり，たとえばイヌ属はタイリクオオカミ（いわゆる犬の原種）やジャッカル，コヨーテなど互いによく似た6〜7種からなる．最後に種は，生物分類におけるもっとも基本的な単位で，他の集団とは生殖的に隔離されている1つの遺伝集団を言う．

このような生物分類体系において魚類は脊索動物門（もしくは脊椎動物門）の軟骨魚綱と硬骨魚綱の2つの綱からなる．軟骨魚綱はおもにサメやエイの仲間で，淡水魚としてはチョウザメ類や汽水を好むエイなどがいるが，大半は海水魚である．硬骨魚綱は，私たちが食卓で目にするような一般的な「魚」のイメージにより近いグループで，45ほどの目に分かれる．スズキ目など淡水魚と海水魚の両方を含む目が多いが，キンメダイ目のように海水魚しかいない目もあれば，コイ目のように淡水魚しかいない目もある．淡水魚と言っても生物分類群的に1つのまとまりになるわけではなく，さまざまな分類群において生活史の一部にでも淡水域を利用する魚を寄せ集めて，まとめて淡水魚という．また，この分類体系はどの階層でも流動的で，かつ，研究者によって見解が違うことも多々ある．たとえば，大きなグループであるハゼ科は，近年になって目のレベルに昇格し，ハゼ目とする動きがある．

淡水魚と海水魚の違い

世界では現在約30,000種の魚類がいるとされるが，そのうち約12,000種が淡水魚とされる．地球上に存在する水のうち97%が海水で3%が淡水であることを考えると，いかに淡水魚が多様であるかが想像できるであろう．なぜこれほどに淡水魚は多様なのか．それはひとえに淡水魚の地域固有性にあるだろう．つまり，淡水魚は，おのおのの地域に限定された分布を示す傾向があるということだ．そしてこの地域固有性こそが，淡水魚が海水魚とは性質を異にする本質的な特徴の1つともいえよう．

たとえばビワコオオナマズは，その名前から推測できるように琵琶湖にのみ生息する．絶滅したとされながら近年再発見されたことで話題になったクニマスも，本来，秋田県田沢湖にのみ分布したような極めて分布域の狭い魚である．ナマズやオイカワなど一般に馴染み深い魚も，日本の中ではどこでもいるようなイメージこそあるが，世界的に見れば日本やその周辺にしか生息せず，やはり狭い範囲での分布であると言ってよいだろう．くわえて最近の研究では，メダカやドジョウなど日本中どこでも見られるような魚種も，改めてちゃんと調べてみると各地で別種や別亜種といえるほど複数の遺伝集団に進化していることが明らかになりつつある（**図 1.1**）．なお亜種とは，種として独立させるほど大きな違いはないが明らかな違いを持つ遺伝集団のことで，近年の魚類学や生態学ではこの亜種やそれ以下のまとまりである地域集団を「進化的に重要な集団単位（ESU）」として重視する傾向にある．地域固有性の高い淡水魚にお

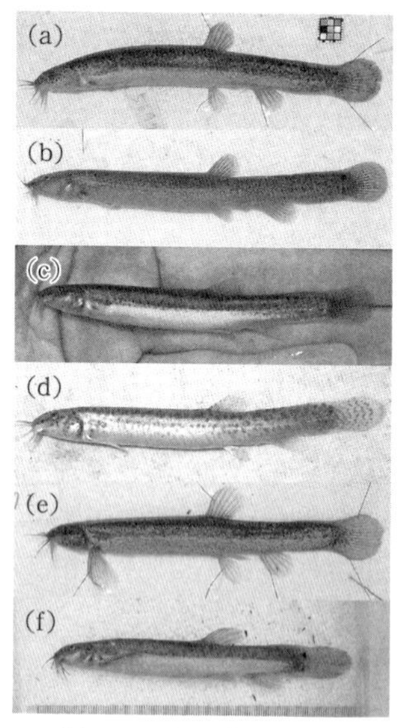

図 1.1　日本の「ドジョウ」

これまで「ドジョウ」や「マドジョウ」と呼んでいたドジョウにも，複数の種があることがわかってきた．人の目から見て外見は似るものの，遺伝的には明りょうに区別され，行動や生態も異なる．(a) ドジョウ（*Misgurnus anguillicaudatus*）：広く本州・九州・四国に自然分布．(b) キタドジョウ（*Misgurnus* sp. Clade A）：北海道東北に分布，日本に在来と思われるが本来の自然分布域は不明．(c) シノビドジョウ（*Misgurnus* sp. IR）：奄美諸島に固有の可能性が高い．(d) ヒョウモンドジョウ（*Misgurnus* sp. OK）：沖縄島や八重山諸島に分布，在来性は不明．(e) カラドジョウ（*Misgurnus dabryanus*）：中国原産で日本各地に移入されている．(f) 中国系のドジョウの一種（*Misgurnus* sp. Clade B2）：食用のためよく養殖されている中国系統のもので，野外でも関東を中心によく見られる．

いては，このESUという概念は親和性が高い．

地域固有性や分布パターンについては同じ淡水魚の中でも，「純淡水魚」，「通し回遊魚」とそれに準ずる「陸封魚」，「汽水魚・周縁魚」によって相当に違ってくる．以下でそれぞれの説明をしたい．

純淡水魚の分布

淡水魚の中でも，生活史（卵～稚魚～成魚～繁殖の一連のサイクル）のすべてを純淡水域でまっとうする純淡水魚は，特に地域固有性の傾向が強い．その理由は，純淡水魚は陸地や海を超えて移動することができず1つの水系内での移動分散に限定されるからである．このような移動性に乏しい純淡水魚は，場合によっては10万年，100万年といった長い時間，その地域に隔離されて世代を繋いできた．隔離の時間が長く，他の地域集団と遺伝子の交換や交流がないと，隔離された集団は独自かつ固有の集団になりやすい．このような物理的で強制的な隔離，いわば「地理的隔離」は，生物の種分化の1つの大きな要因であると考えられている．地理的隔離の典型的な例を挙げれば，ガラパゴス諸島の生き物たちが有名であろう．広大な太平洋のまっただ中，ガラパゴスに棲む生物たちは，絶海の孤島で500万年近く，他との遺伝的な交流を隔絶されてきた．他からの影響を受けることなく独自の進化を遂げた結果，ガラパゴスゾウガメやウミイグアナ類など多くの固有の種が誕生した．これと同様の地理的隔離が，純淡水魚では生じやすい．一方で，かつて広く分布していたのが他の地域で絶滅してしまい，一部の地域に遺存的に残った場合も，現象としては上記の地理的隔離と同様の地域固有性を示す．この二者を厳密に区別することは困難だが，遺存的に残った場合は，1ヶ所だけではなく離れた複数の地域に平行的に分布する場合が多い（Box 12）．プロセスとしては異なるものの，遺存的な個体群もその地域に長期間根付いているという意味で，地域固有であると言っていいだろう．

純淡水魚は陸地や海を超えて移動できない，と上述したが「絶対」に移動できないわけではない．数万年から数百万年という長い時間で見れば，さまざまなイベントにより淡水魚の遺伝集団は流域を超えて合流したり，逆に，いままで同じ遺伝集団であったものが分断されたりすることがある．その大きな要因として，大陸移動，河川争奪，海水面変動など地史的なイベントがある．これらは地史的な大きな物理的変化であり，日本においても世界においても，現在の淡水魚類多様性と分布を決定づける主要な要因となっている．大陸移動は時空間スケールで考えて最大の要因である．たとえば，古代魚で有名なアロワナ類（2.1 節；Box 6）は世界各地に分布するが，これは 2 億年ほど前にパンゲア大陸で生息していたアロワナ類の祖先が，大陸移動によって各大陸に分断された後も現在まであまり形を変えずに世代を繋いでいるためである．数万年単位で起きる河川争奪も無視できない要因である．河川争奪とは，たとえばいままで A 水系に属していた支流が，地形の変化により B 水系に属するようになることである．その場合，淡水魚は位置こそ移動していないものの，はからずして別水系に移動したことになる．さらに，毎水面変動も大きな要因である．たとえばかつて海水面が今より 100 m ほど低かった 1 万年ほど前，瀬戸内海は，東古瀬戸内川や西古瀬戸内川の 2 つの川であったと言われている．このとき純淡水魚はこの大きな本流を通じて流入する支流間をあるていど自由に行き来できた．しかし今では海水面が上昇し，本州・四国・九州に分断された．その名残として，今でこそ海で隔たれている山口県と福岡県には，たとえばイシドジョウなどの共通種がいる．このような海水面変動による河川の生成・消失が，現在の瀬戸内海流入河川の淡水魚類相を決定づける1つの要因となっている．

以上のような大規模な合流・分断とは別に，ごく小規模の移動もまれに自然に起きている．たとえば水鳥の脚に絡まった水草に魚の卵が付着していて別の水系に分散されること，また，鳥やイタチに捕らえられた魚が，生きたまま別の水系に逃げおおせる可能性もまったくないわけではないだろう．また，洪水の規模によっては，低地の分水嶺を超えて別の水系に移動できたこともあったであろう．これは筆者の想像にすぎないかもしれないが，極端な洪水の場合，海に広く淡水の躍層ができて別の川や島に移動できたこともあったかもしれない．もちろんこういったことが起こる確率はごくごく低い．しかし地球の歴史の中ではこんな稀なことも少なからず起き，中には，カオス理論でいう「バタフライ効果」(些細なイベントが結果的に大きな差をもたらすという現象）によって，現在の淡水魚類多様性とその分布の一部を決定づけたこともあったかもしれない．なお，一部の種は陸上を移動することができ（Box 1），そのような魚種は実際に広い分布域を示す場合が多い．

純淡水魚は，100年程度の短い時間スケールで見た場合には，基本的に陸地や海水を超えて移動できない．しかし，数千年以上の人間にとっては長い時間スケールで見れば，さまざまな規模で移動や合流のイベントが起きている．このようなごくゆっくりとした遺伝集団の合流・分断のダイナミクスこそが，純淡水魚類における進化や多様性の1つの大きな基盤となっている．後述するように，近年になって外来魚の侵入が保全上の大きな問題になっているが，そのほとんどが純淡水魚である．それは，これまで数十万年，数百万年以上もかけてゆっくりと作り上げてきた純淡水魚の進化の歴史に対して，人為による個体の移動や移植が，あまりにも急激で突然のことであるからであろう．

Box 1　歩く魚

本文で純淡水魚の移動分散は水系に限定され陸地を超えることは基本的にないと述べたが，一部の魚はいわば「歩いて」移動することができる．そのほとんどは氾濫原（はんらんげん）の魚で，激しく水位変動に適応していると思われる．水位が上がって乾いてしまった場所から移動できる能力は，氾濫原では明らかに適応的であろう．

たとえばキノボリウオは，その名のとおり木に登ることはさすがにないが，陸地を歩くことができる．胸鰭（むなびれ）を広げて体を支え，尾鰭を器用に動かして前に進む姿はなかなか微笑ましい．市場などでもカゴから逃げ出して，足元を歩いているのをよく見かける．ヒレナマズの仲間は，英語で「Walking catfish（歩くナマズ）」とも称され，実際に雨が降った後など道路などに飛び出して歩いていることがある．その他にも，ライギョの一種 *Channa striata*（図 1.11c, d）やタウナギ類 (Box 2) なども，湿った陸地などを頻繁に移動しているようだ．

このような「歩く魚」は，分布域が広いのが特徴である．たとえばキノボリウオは，インド，バングラデシュ，ミャンマー，中国南部，インドシナ広域，スマトラ島，ボルネオ島，ジャワ島など純淡水魚としては極めて広い分布を示す．*Channa striata* もやはり分布が広く，パキスタンから東南アジアにかけて各地で記録がある．

図　歩く魚

(a) 調査中，バケツから飛び出して歩いて逃げ出すキノボリウオ．(b) 土砂降りで水の流れる地面を，這うように移動するヒレナマズ．

通し回遊魚の分布

生活史において淡水域と海水域を往来する魚を「通し回遊魚」という．通し回遊には，いくつかのパターンがある．成長と産卵は川で行うが，生活史の一部（特に稚魚期）に，いったん海に降りふたたび川を遡るものを「両側回遊」という．たとえば姿形に愛嬌のあるボウズハゼ（**図 1.2**）は典型的な両側回遊魚である．本種は，台湾，南西諸島，九州・四国・南部本州の太平洋沿岸域などの流入河川に分布する．これは稚魚期に黒潮にのって移動するため，このような広い分布を示すと考えられる．沖縄のボウズハゼと静岡のボウズハゼに遺伝的な差異はなく，同一の遺伝集団であることがわかっている．純淡水魚では，国内移入や外来魚を除いて，このように沖縄のものと静岡のものが同一の遺伝集団であることは考えられない．同じ両側回遊魚でもアユは，ボウズハゼとはちょっと事情が違う．アユは日本全域に広く分布するが，遺伝的な構造としては穏やかな地域固有性が認められる傾向がある．たとえば亜種として扱わ

図 1.2　両側回遊するボウズハゼ

石などに付着した藻類をこすって食べるための下付きの口と，愛くるしい顔つきが特徴的.

れるリュウキュウアユや屋久島のアユは，遺伝的にも形態的にも独自の地域固有性を持つ．これは，稚魚期にあまり沖合まで出ずに河口付近でとどまり，潮に流されても生理的な限界から外洋を超えて遠く別の湾にたどり着くことなどがそうそうないため，遺伝集団としては緩やかに隔離されているからだと考えられる．その一方でアユは，種としては日本のみならずベトナム北部，中国沿岸域，台湾，韓国など東南アジア北部から東アジアにかけて分布し，分布域としてはボウズハゼよりも広い．これは，水温などに対する適応範囲がボウズハゼよりも広いためと思われる．また，ヒラヨシノボリやアヤヨシノボリなどは，世界的に見ても日本の南西諸島にのみ生息し，通し回遊魚としてはかなり狭い分布を示す．このように，一言に両側回遊といっても，その中には種によってさまざまな遺伝子構造や分布パターンがある．

両側回遊において，滝やダムなどの移動障害により海への回遊が省略されて，世代を超えて生活史が淡水域だけで完結するようになる場合がある．これは「陸封」と呼ばれる．ただし，サケ類などにおいては，生活史戦略の１つとして積極的に河川に残留することがある．こうした個体は「河川型」と言い，陸封とは区別されることもある．この陸封という現象により，淡水魚の分布や多様性はますます複雑になる．というのも，通し回遊魚が数千年数万年以上の長い時間にわたり陸封されると，純淡水魚と同じように，遺伝的に隔離された集団として独自性・地域固有性を持つようになるからである．この陸封については，興味深い研究成果が得られているため，3.4 節で詳しく紹介したい．

両側回遊とパターンがよく似るが，海で成長し，産卵のために川を遡る場合は「遡河（そか）回遊」という．これは，たとえばサケ類などがイメージしやすいだろう．サケ類以外にも，カワヤツメや春の風物詩であるシロウオ（**図 1.3**）なども遡河回遊である．なおカワヤツメなどヤツメウナギ類は，グロテスクな口器を持つことでも知られるが，厳密には魚類ではなく無顎類（むがくるい）という原始的な別の系統に属する．

遡河回遊とは逆に，川で成長するが海で産卵して，産まれた仔らが再度川を遡る「降河回遊」もある．これはたとえばウナギ類に代表される回遊パターンである．たとえば全長が 2 m を超えることもあるオオウナギは，海で産卵する降河回遊の生活史を持つ．オオウナギはニホンウナギと比べて食味は格段に落ちるため，研究例は少なく詳細は不明であるが，太平洋とインド洋の熱帯・亜熱帯域という，極めて広い分布域を持つ．

このように通し回遊魚の分布・生活史パターンを一種ずつ挙げていけば切りがなく，同じような通し回遊パターン・分布を持つ二者を探すほうが難しいかもしれない．言うなれば，このような通し回遊パターンの多様性こそが，通し回遊魚の種の多様性の基幹となっ

図 1.3　遡河回遊するシロウオ

(a) 3 月の遡上期，福岡県室見川のシロウオ漁．(b) 体は全体が透き通る．

ているだろう．また，通し回遊魚は生活史のいずれかの時期に海で生活するため，海を通じた移動分散ができる．そのため，通し回遊魚は純淡水魚と比べると地域固有性は薄れ，より広い分布を示す場合が多い．

汽水魚・周縁魚の分布

ボラやスズキなど，河口付近に生息する魚を汽水魚や周縁魚という（ただし，これらは上記で説明した通し回遊魚の一部として扱われる場合もある）．これら汽水魚・周縁魚は，一般に広い分布域を持つ．たとえば日本の南部の汽水やその周辺でよく見られるゴマフエダイ（**図 1.4**）は，インド洋から太平洋にかけての暖流域に広く分布する．幼魚～若魚は汽水や河川下流部の純淡水域を利用するが，成魚は完全海水の岩礁やサンゴ礁でも生活するため，海を通じて容易に分散できるのだろう．とはいえ，大西洋や太平洋東部には分布せず，たとえば海水魚のメカジキのように寒流域や大陸を越え

図 1.4　広域分布する汽水魚，ゴマフエダイ

(a) 久米島の河口域で捕れたゴマフエダイ．(b) インド・チリカ湖近辺の沿岸域で捕れた同種のゴマフエダイ（中央下の個体）．

て世界中の海にまで分布域を広げているわけではない．

同じ汽水魚でも，水上の干潟に生活するという特異な生態を持つムツゴロウ（**図 1.5**a）は，ゴマフエダイほどの広域な分布を持たない．日本では有明海と八代海の干潟にのみ生息し，海外では台湾，中国，韓国の，一部の干潟域に限られる．干潟という特別な環境に棲むため，そう簡単には分散はしないのだろう．このような分散能力のない汽水魚は，純淡水魚と同様に地史の影響を受けている場合が多い．ムツゴロウの棲む有明海は，数万年前の氷河期において海水面が今より低かったときに大陸に続く広大な干潟の一部だったと考えられており，ムツゴロウの現在の分布は，その遺存的なものと考えられる．東南アジアの干潟には *Boleophthalmus boddarti*（図 1.5b）というムツゴロウの近縁種が比較的広く分布し，これもまた，氷河期に東南アジアが「スンダランド」（1.2 節）という大きな大陸だった頃の分布の影響を，現在に引き継いでいると考えられる．

図 1.5　ムツゴロウとその仲間

(a) 有明海のムツゴロウ．(b) マレーシア，ランカウィ島のムツゴロウの一種（*Boleophthalmus boddarti*）．体側の黒い縞模様が目立ちやすく，瑠璃色の点も日本のものと比べると大きい．

α・β・γ 多様性

以上述べてきたように淡水魚種の分布は，おのおのの種の能動的な移動分散能力と受動的な地史の影響を強く反映しており，特に純淡水魚は後者の影響を受けやすい．そのため一般的な傾向としては，海水魚や汽水魚は広く分布し，純淡水魚は地域に固有の狭い分布を示す傾向がある．海水魚や汽水魚の研究者が魚を通じて海の広さに思いを馳せるとき，純淡水魚の研究者は魚の中にその土地の深い歴史を感じるのである．このような淡水魚と海水魚の生物多様性の違いを，生態学ではどう捉えるのであろうか．

一言に「生物多様性」といっても，その意味するところは具体的に数値化される数学的な意味から，ぼんやりと多種多様な生物が生きているという思想的な意味まで，実に広い言葉である．生態学では，この生物多様性に対して，ある地域での種の豊富さや固有性を把握し評価する上で，重要かつ具体的な尺度を用いる．それは α（アルファ）多様性，β（ベータ）多様性，γ（ガンマ）多様性の 3 つである．生物の種の多様性を考えるときは，これら α・β・γ の 3 つの視点を持つことで，具体的に多様性を把握するとともに，より立体的で正当な多様性評価をすることができる．

α 多様性は，ある 1 つの場所や地点における種の数で表す．たとえば福岡県 A 池で，コイ，ギンブナ，タカハヤ，モツゴが確認されたとすると，この 4 種が α 多様性である（**図 1.6**）．また B 池で，コイ・ギンブナ・タカハヤ・ナマズ・ドンコ・シマヨシノボリが確認されたとすると，この 6 種が B 池の α 多様性である．ここで視点を広げて A 池と B 池を比較してみる．コイ・ギンブナ・タカハヤは共通して出現しているが，モツゴ・ナマズ・ドンコ・シマヨシノボリに重複はない．そのため A 池と B 池の β 多様性は重複のない後者の 4 種となる．β 多様性は常に 2 者の比較で議論される．さら

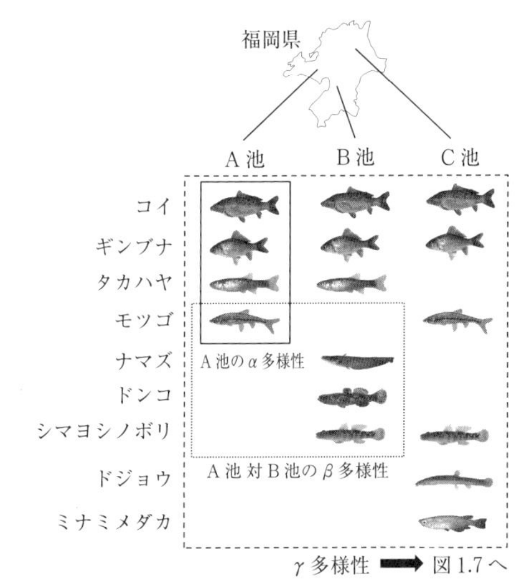

図1.6　福岡県スケールにおける種多様性の３つの視点
福岡県A池，B池，C池における魚類相の架空データ．詳しくは本文を参照．

に，C池でコイ・ギンブナ・モツゴ・シマヨシノボリ・ドジョウ・ミナミメダカが確認されたとすると，B池とC池のβ多様性はタカハヤ・モツゴ・ナマズ・ドンコ・ドジョウ・ミナミメダカの6種となる．さらにこれら3つの池の魚類相をまとめると，全体で，コイ～ミナミメダカの9種が確認されたことになるが，これが福岡県A池・B池・C池におけるγ多様性となる．

このような視点は，空間スケールに依存する相対的なものとなる．たとえば，沖縄県や新潟県の複数の池で調査をして，より広い立場から多様性を評価した場合（**図1.7**），上記ではγ多様性であったコイ～ミナミメダカの9種が福岡県のα多様性となる．また沖縄県では，ギンブナ～ユゴイの6種がα多様性となる．沖縄県と福岡県を比較した場合，コイ・ギンブナ・シマヨシノボリが共通するも

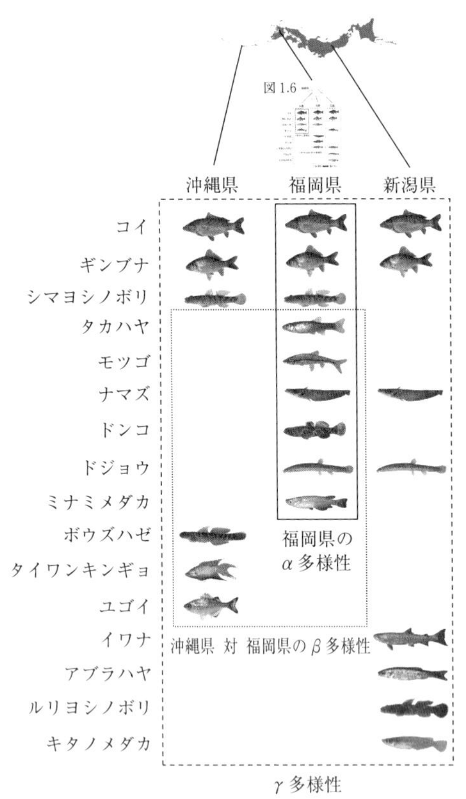

図 1.7　日本スケールにおける種多様性の３つの視点

沖縄県，福岡県，新潟県における魚類相の架空データ．詳しくは本文を参照．

のの，ボウズハゼ～ユゴイおよびタカハヤ～ミナミメダカはそれぞれの県でしか出現しないため，この 9 種が 2 県の β 多様性となる．さらに新潟県の 8 種 について合算すると，コイ～キタノメダカの 16 種が 3 県の γ 多様性となる．

先に淡水魚，特に純淡水魚は，一般に地域固有性が高いと述べたが，この3つの多様性の中でもβ多様性が高いのが淡水魚の特徴である．都道府県スケール（図1.6）ではまだ地域差は検出されにくいが，日本スケール（図1.7）となると地域差がいよいよはっきりしてくる．特に近年は，上述したようにドジョウ類（図1.1）やメダカ類（キタノメダカとミナミメダカ）などの普通種にも地域性があることがわかり，日本スケールでのβ多様性がどうやらかつて考えていた以上に高いことが明らかになりつつある．そして，純淡水魚研究の面白さの1つは，まさにこの高いβ多様性にあるといっていい．いろいろな土地に赴けば赴いただけ，その場所に根付いた新しい魚たちと出会うことができる．それこそひとたび東南アジアに足を運べば，日本と同じ淡水魚に出会うことはまずありえない．このように，淡水魚，特に純淡水魚は高いβ多様性に魅力があり，はたして多くの淡水魚研究者は日本各地，世界各地を探訪することになる．

外来魚と多様性への脅威

これまでの話は基本的に在来魚，つまり自然に分布する魚について述べたものである．しかし人的に移動された外来魚，特に「侵略的」とされる外来魚となると，話は別である．たとえばナイルティラピア（**図1.8**）やグッピーなどは純淡水魚ではあるものの，人為的な放流により温帯～熱帯の世界各地に広く分布する．これは純淡水魚本来の特性である高いβ多様性とは正反対の特性である．

上述したように純淡水魚は，限定された地域に長年隔離されて世代を繋いできた．そのため，その環境には最適化・適応して進化してきたが，一方で同所的に競合する他種も限定されるため，外来魚として，急に現れた新しいタイプの競争相手やこれまで出会ったこともないような捕食者に対応できない場合が多い．くわえて近年

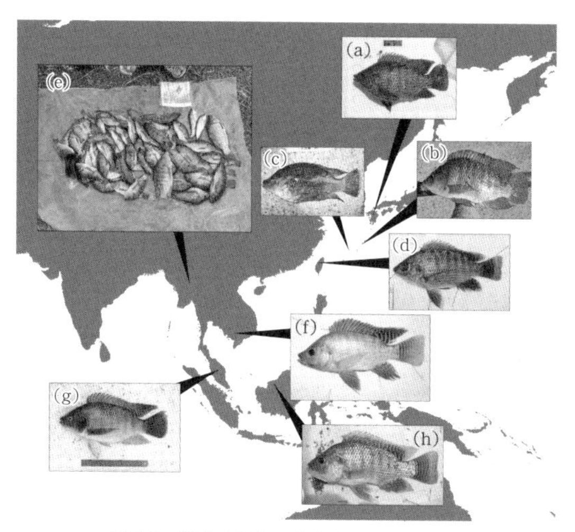

図 1.8　筆者の出会ったナイルティラピア

ナイルティラピアの本来の分布はアフリカ大陸西部だが，繁殖力があり優良な食材のため，温帯～熱帯の世界各地に移植されている．

(a) 由布院の野生個体．温泉地帯のため河川の水温が高くナイルティラピアも生息できる．(b) 沖永良部島の野生個体．(c) 久米島の野生個体．(d) 台湾北部の野生個体．モザンビークティラピア (*Oreochromis mossambicus*) との雑種と思われる．(e) ミャンマー・インレー湖，市場に並ぶナイルティラピア (2.4 節)．(f) カンボジアの養殖個体．(g) 半島マレーシアの野生個体．(h) サラワク・マレーシアの野生個体．

は，環境さえも改変が進んでいるため，その地域の環境に適応しているという優位性もなくなっている．むしろ改変されて劣化した環境は，外来魚に有利に働いているとの研究報告も多い．淡水の外来魚や淡水生物全般について考える場合，外来生物そのものだけでなく，種間競争の舞台となる環境についても考慮する必要がある (2.2 節)．

また，今日になって，さまざまな場面で生物多様性の重要性について語られることが多くなった．しかしときに「1ヶ所にいろんな魚がたくさんいて，種数が高ければいい」というように，理解のし

やすい α 多様性の文脈に偏って理解されることも多い．もし α 多様性さえ高ければいいのであれば，それこそ世界各地から生命力や繁殖力の強い魚をたくさん集めて放流し，それに即した環境にすればよい．生物多様性の善悪について安易に語ることは危険だが，この考えが間違っていることはさすがに明らかだろう．もし実際にこのようなことが起きれば，各地の α 多様性はたしかに上がるであろう．しかし，種間競争により元々いた種が絶滅すれば，β 多様性や γ 多様性は著しく低下する．

1.2 モンスーンアジアの淡水魚とその重要性

モンスーンアジアの中心となる東南アジアは世界的に見ても淡水魚多様性が高い重要な地域であり，世界的な「ホットスポット」が 4 地域も含まれる．また，日本を含む湿潤な東アジアは，ユーラシア大陸の最東端であり，やはり独特の淡水魚類相が見られる．これらモンスーンアジアの現在の魚類多様性や各種の分布は，数千年前〜数千万年前という，人間から考えれば長い歴史の中で起こったさまざまなイベント，たとえば海水面下降や大陸移動などによって，形成されている．

東南アジアの淡水魚多様性

東南アジアはインドより東かつ中国より南のアジア地帯を示し，主要な国としては東からフィリピン，インドネシア，マレーシア，ベトナム，ラオス，カンボジア，タイランド，ミャンマーによって構成される．東南アジアにどれほどの淡水魚種が生息するかは明確には分からないが，少なくとも 3000 種以上は確認されている．ただし正式な名前のついていない未確認の種もいまだ相当数いると思われる．現生の淡水魚類は全世界で少なくとも 12,000 種ほどいるとされるため，世界のおおよそ25％の淡水魚が東南アジアに分布することになる．東南アジアは陸地面積では世界の陸地面積の4％であることを考慮すると，いかにその多様性が高いかわかるであろう．

東南アジアの淡水魚類をざっと見渡すと，一番多いのがコイ目で，全種の40％以上を占める（**図1.9**）．このコイの仲間は，ユーラシア・北アメリカ・アフリカに分布するが，特に東南アジア・東アジアに多く，当該地域の象徴的な淡水魚のグループである．コイ目は例の髭の生えたコイ（Box 8）だけではなく，フナの仲間やドジョウの仲間など，多種多様なグループが含まれる（Box 3）．日本のコイ目は全般に地味であるが，東南アジアのコイ目はカラフルなものも多く，観賞魚としても人気が高い種が多い（Box 7）．

次に多いのがスズキ目だが，その多くは純淡水魚ではなくハゼ類を中心とした汽水魚・周縁魚が含まれる．また，たとえば

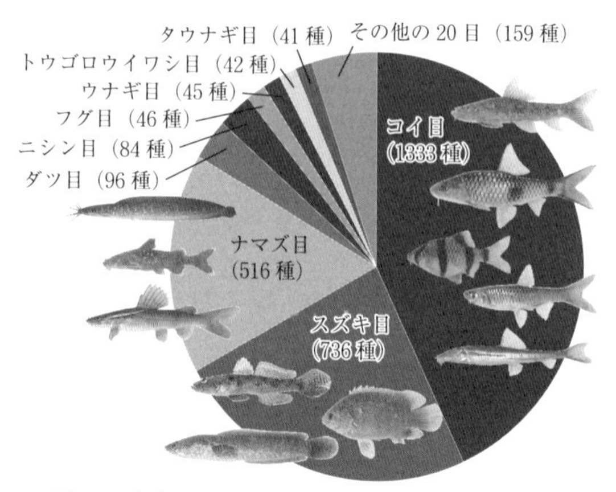

図1.9　東南アジアの在来淡水魚類の各目における種数

著名な分類学者M．コテラット博士が，2013年に発表した3100種ほどのリストから外来魚を除いて各目で集計したもの．

Datnioides pulcher (Box 6) などは純淡水魚ではあるが，よく似たマツダイなどが含まれる近縁のグループは一般に海水魚であり，比較的最近になって純淡水環境に適応進化したと思われるものもいる．その他にも獰猛なライギョの仲間，闘魚として知られるベタ・グラミーなどの仲間 (Box 10) など，コイ目にもまして形態や生態に多様な種類が含まれる．

3 番目に多いのがナマズ目（**図 1.10**）だが，この仲間は世界中に分布し，特に南北アメリカに多い．東南アジアにも比較的多くの種が分布し，たとえば巨大な体で有名なメコンオオナマズなどが有名であろう．大型の有用魚種や広く養殖されている種などがいる反面，成魚でも手のひらにのるほどの大きさで，くわえて骨ばって食用には不向きで，現地住民には見向きもされない種も少なくない．

種数としては以上の 3 目が突出しており，ダツ目，ニシン目，フ

図 1.10　東南アジアのナマズ類

(a) サラワク・マレーシアの河川にて．現地で「タパ」と称される大型のナマズ (*Wallago leerii*)．(b) カンボジアの市場にて．東南アジアで広く養殖されている「カイヤン」(*Pangasianodon hypophthalmus*)．(c) 半島マレーシアの小河川にて．現地で「デプー」と称される小型のナマズ (*Glyptothorax fuscus*)．

グ目，と続く．ただし，9 番目に多いタウナギ目は今のところ 40 種ほどであるが，人の目にあまり触れないような隠蔽的な生態にくわえ，特にタウナギ科やタウナギ属 (Box 2) は人の目からは形態の差異の把握が難しく，未記載の種が相当数眠っている可能性がある．

Box 2 溺れる魚

猿も木から落ちるように，魚も水に溺れることがある．金魚などを飼っていると，口先を水面に近づけてパクパクしているのを見ることがよくあるが，まさにこの状態が溺れかけている様子である．水中の溶存酸素量が不足すると，水表面と空気が接しているごく薄い層にのみ酸素が溶けている状態になるため，その層を吸うようにして鰓呼吸するためである．自然下ではこれほどまでに溶存酸素が低い場所ではそもそも魚は生息せず，また何らかの要因で下がったとしても，溶存酸素の高い場所まで移動するため，水面に顔を近づけるなどという，いかにも鳥に狙われそうな危険なことをする必要はあまりない．しかし，一部の魚は，どんなに水中に酸素があっても鰓呼吸だけでは足りずに，ときどきにでも水面に顔や尻を出して呼吸しなければ溺れてしまう魚がいる．

このように水面から出て呼吸しなければ溺れてしまう魚は，ドジョウ類（図 1.1）やタウナギ類，ベタやタイワンキンギョなどいわゆる闘魚の仲間 (Box 10) に多い．たとえばドジョウ類はときどき水面から肛門を出して腸から空気を吸い，腸の粘膜で呼吸する．タウナギ類などは鰓の骨の粘膜を使って空気呼吸でき，常時鼻先を水面から出している．したがってタウナギが捕れるのはたいてい，体全体を支えて水面に鼻先を出せるような岸際である．闘魚の仲間は一般に，鰓の上皮が変形した「ラビリンス器官」という呼吸器官を持っており，やはり直接空気呼吸ができる．これらの空気呼吸は，水面の薄い層を吸って鰓呼吸する金魚のパクパクとは違い，直接空気を取り込んでいる点で本質的に異なる．

このような空気呼吸を発達させた魚は，水質の悪い貧酸素の環境に適応したと考えられる．貧酸素環境では普通の魚は生息できないため，種間競争がなく悠々と生きていくことができる．また，水位変動の激しい氾濫原環境にも適応している．しかし，あまりにも空気呼吸に頼りすぎて進化してしまったため鰓呼吸が不完全であり，空気呼吸ができなくなるとすぐに溺れて死んでしまう．たとえば，ドジョウをモンドリ（魚をとる網でできたワナ）で捕るときは，モンドリ全体を沈めてしまうと，かかったドジョウが腸呼吸できず溺れて死んでしまう．また，空気呼吸をする際にどうしても水面に近づくため，その瞬間はけっこう鳥に狙われて喰われているようである．空気呼吸だけではなく鰓呼吸も普通の魚と同じように進化させておけば，このようなことにはならないのであろうが，進化の不思議で，欠点のない生物というのはそうそうありえないようだ．

図　溺れる魚

中国の食堂で食材として飼われていたタウナギ．水面から鼻先を出して空気呼吸している．深い水槽では溺れて死んでしまう．

Box 3 空飛ぶ魚

東南アジアのコイ科に，英語で「Flying barb（飛ぶ小魚）」と呼ばれるエソムス属の仲間 (*Esomus* spp.) がいる．海のトビウオのような長い胸鰭を持つのが特徴で，いかにもトビウオのように滑空くらいはできそうだが，残念ながら実際にはそのようなことはできない．ただし水面からのジャンプ力が強く，調査中バケツから飛び出しているのは，だいたいこのエソムスである．また，長い鰭を翼のように広げてまるで鳥のように水面近くをゆうゆうと泳いでいることが多い．エソムスの中には特別に長い胸鰭を持つ *Esomus longimanus* という種がある．ただしこの種についてはあまりにも確認例が少ないため，一般種である *Esomus metallicus* の胸鰭が伸びた個体変異（たとえば胸鰭が一時的に伸長した成熟オスなど）である可能性もある．いずれにせよ，な

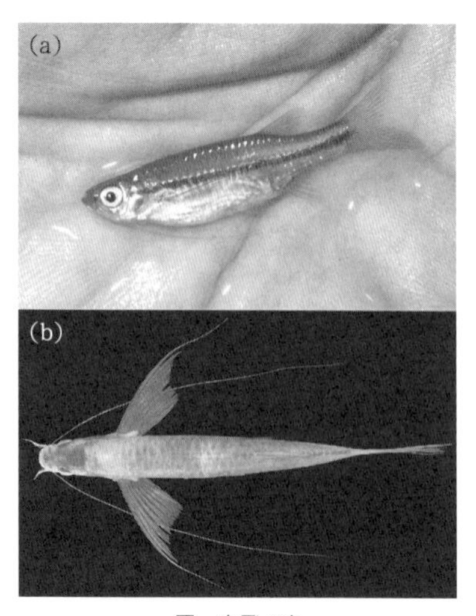

図　空飛ぶ魚

(a) エソムスの一種 *Esomus metallicus*，(b) より長い胸鰭を持つ幻の *Esomus longimanus*.（撮影：佐藤智之）

ぜこのような長い胸鰭を有しているか明確な答えは今のところないが，水位変動の激しい氾濫原環境に適応して水面を移動しやすいよう進化しているのかもしれない．

この魚についてはさらに，一部の研究者の間で都市伝説のような話がある．それは「乾燥卵」を産むのではないかという疑いである．なぜなら，ごく小さい水たまりやちょっとした湿地にも生息していることがあり，どうやって移動してきたのか不思議なことが多々あるからである．実際にアフリカや南アメリカに生息するカダヤシの仲間に乾季をやり過ごすことができる乾燥卵を持つ魚種がいるようだが，東南アジアのコイ科で乾燥卵をもつ種は今のところ知られていない．エソムスが乾燥卵を産む話は今のところ眉唾ではあるが，もし本当にそうであれば，乾燥卵は風に舞い，名実ともに「Flying barb」ということになる．

東南アジアの地史とホットスポット

現在の東南アジアの淡水魚類多様性を決定づけている要因の1つに，「スンダランド」がある．かつて2万年ほど前，氷河期に海水面が今より100 mほど低かった頃，現在のインドシナ・マレー半島は，スマトラ島，ボルネオ（カリマンタン島），ジャワ島などが地続きになっており，それをスンダランドと称する（**図1.11**）．スンダランドでは，現在のメコン川，チャオプラヤ川，スマトラやボルネオの一部の河川は1つの大きな盆地を形成し，同じ狭い湾に注いでいた．そのためその範囲は淡水魚類相としては1つの大きなまとまりを形成しており，現在でも姉妹種（図1.11a,b）や共通種（図1.11c,d）が海を隔てて分布する．しかし，スラベシ島やフィリピンなどとは氷河期も繋がらなかったため，淡水魚のみならず多くの生物分類群にとっても境界となっている．このような地史なども

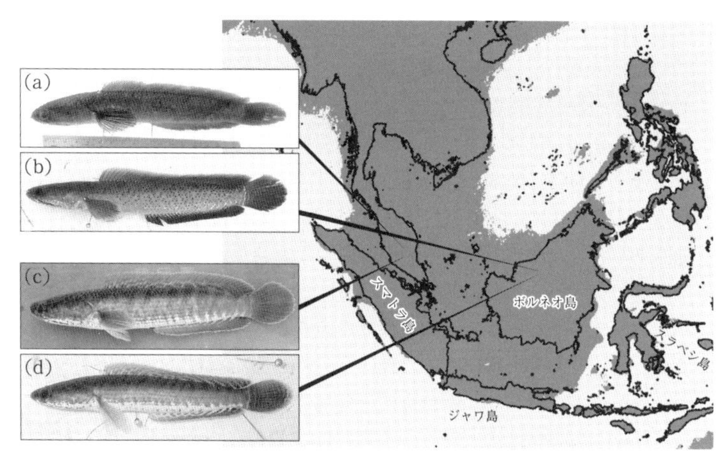

図 1.11　東南アジア，最終氷期の古地理と姉妹種・共通種

GIS（地理情報システム）により，海水面を 100 m 下げることにより再現したかつての東南アジアの陸域「スンダランド」．実線は現在の陸域を示す．現在は海を隔てていても，姉妹種［(a) 半島マレーシアの *Channa melasoma*；(b) ボルネオ島の *Channa baramensis*］や共通種［(c) 半島マレーシアの *Channa striata*；(d) ボルネオ島の *Channa striata*］が分布する．

あり，現在の東南アジアは，スンダランドの盆地の要素が残る「スンダランド区」を中心に，ウォレス線という深い海峡を隔てた「ワラセア区」，新ウォレス線というやはり海峡により隔たれた「フィリピン区」，そしてユーラシア大陸の要素が強い「インドビルマ区」の，4 つの生物地理区に分かれる．

生物多様性が高いものの，土地開発や温暖化など人的な要因により破壊の危機に瀕している地域を「生物多様性ホットスポット」という．「人的な要因」とはいうものの，今や生物多様性や生態系の破壊は極地や深海などごく一部の地域を除いてほぼ世界全域で起きているため，生物多様性の高い地域はまずホットスポットであるといってよいだろう．ホットスポットを地球規模のスケールで考え

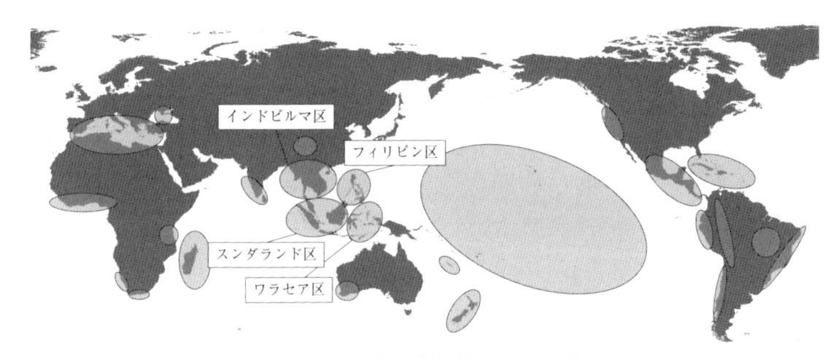

図 1.12　世界の生物多様性ホットスポット
マイヤーズらが 2000 年に示した地球規模の生物多様性ホットスポット．25 のうち 4 つが東南アジアに該当し，結果，東南アジアの全域がホットスポットとなる．

た場合，Myers らが 2000 年に示した案では 25 の地域が挙げられる（**図 1.12**）．上述した東南アジアの 4 つの生物地理区——スンダランド区・ワラセア区・フィリピン区・インドビルマ区——はすべてホットスポットとして挙げられており，もはや東南アジアはすべてがホットスポットとなる．東南アジアはモンスーンなどの影響により元来生物多様性が高い上に，近年特に開発が著しいため，全域がホットスポットになるのも当然ではあろう．この 4 つのホットスポットのうち，スンダランド区とインドビルマ区で現在何が起きているかは，第 2 章の大きなテーマとしたい．

東アジアと日本の淡水魚多様性

日本や中国東部，朝鮮半島など東アジアの淡水魚多様性は，東南アジアと同様にやはりコイ目の高い多様性に特徴づけられるが，純淡水のフグ目やカレイ目の種がほとんどいないことや，ダツ目・タウナギ目の種数が相対的に低いこと，サケ目など北方系の魚類が多いことなどが東南アジアとは大きく異なっている．また，貝に卵を産むことが特徴的なタナゴ類（3.1 節）やヨシノボリ類（3.4 節）など，いくつかの亜科や属は東アジアで特に種数が多く，東アジアの象徴的なグループとなっている．ユーラシア温帯〜亜寒帯域全体の中で見ても東アジアは，やはりモンスーンの影響もあり淡水魚の生物多様性が相対的に高い．特に日本列島については，Myers ら (2000) のあと，2004 年に Mittermeier らが示した地球規模でのホットスポットでは，1 つのホットスポットとされている．

日本産淡水魚の形成には，やはり氷河期などの海水面変動と，それに伴う中国大陸との連続性・不連続性，および大規模な河川争奪などが大きな要素となっている．たとえば九州の淡水魚類は，朝鮮半島や中国大陸からの影響を強く受けている．また，瀬戸内海周辺の河川に生きる淡水魚類には，上述したようにかつて流れていた東西の古瀬戸内川の影響が垣間見ることができる．さらに北海道などは，シベリアの淡水魚類からの浸潤を受けている．このような日本の淡水魚類の多様性と系統地理については，日本を代表する淡水魚研究者である渡辺勝敏氏や水野信彦氏らを中心に，いくつかの良質な文献や出版物があるため，それらを参照されたい．

1.3 淡水魚と人々との関わり

モンスーンアジアは淡水魚の多様性が高い一方で，人口も多い．そのため淡水魚は，重要なタンパク源として地域の人々の生活を支えている．また，モンスーン気候に依存する稲作と淡水魚は，元来切っても切り離せない関係で，日本では姿を消してしまった「水田漁撈（ぎょろう）」がいまだ東南アジアに残っている．さらに人々と淡水魚の間には，文化的・宗教的な側面から，単なる食料を超えた深い繋がりがある．

淡水魚と水田漁撈

モンスーンアジア地域における１つの文化的な特徴は，水田稲作であろう．モンスーンによる湿潤な気候が，稲作を通じて豊かな恵みを古くから我々にもたらしてきた．本邦においても，稲作の始まりが歴史的に最大のイベントの１つであることには異論がないであろう．そしてこれはあまり知られていないことであるが，本来，稲作と淡水魚は切り離すことのできない一体のものであった．水田とは，水田稲作と水田漁撈の両方を行う場であり，炭水化物とタンパク質のいずれをも提供する環境でもあるのだ．

今でこそ日本では水田漁撈を見ることはないが，中国や東南アジアでは現在でも粗放的な稲作の風景の中に見ることができる（**図1.13**）．水路は未整備の土水路で，農薬も基本的に使われないため，大量の淡水魚を収穫できる．魚だけではなく，ときにはコオロギ類（**図1.14**）やタガメ類などの昆虫類や，タニシ類，サワガニ類も水田やその周辺で捕獲されて食される．日本でもかつては，ドジョウやナマズ，フナ類などがコメと平行して「収穫」されていた．

図1.13　水田漁撈の風景

(a) カンボジア，水田地帯で魚を捕る地域の人々．(b) 大量の小魚が収穫されていた．

図 1.14　アジアの昆虫食

ミャンマー・ヤンゴンの屋台にて売られるコオロギの油炒め．少なくとも筆者にとっては美味ではなかったが，よく売れていた．東南アジアでは，地方の水田地帯で捕獲されたコオロギ，タガメ，サワガニなどは都市部に売られ，よい現金収入となるようだ．

水田には元来，洪水や土砂崩れを防ぐ防災の機能，美しい農村風景としての景観機能など，多面的な機能を持ち合わせている．そして魚をはじめさまざまな生物を育むという機能も，この水田の持つ多面的機能の１つである．しかし現代では，ほぼコメの生産だけに特化した目的で整備されている．水路はコンクリートできれいに圃場整備されて水は勢いよく流れるため，防災機能は低下している．そのような水田は景観的にも人工的で無機質な印象が強い．農薬は多くの昆虫や植物を追い払うであろう．このような水田環境は，とうぜん，魚やその他の水生生物にとってもけっして住みやすい環境ではない．元来水田は，コメだけではなくさまざまな生物を育む，豊穣の場であった．そして，この稲作と漁撈（や虫捕り）のセットこそ，本来なら，モンスーンアジアのもっとも象徴的な景観であるといっていいだろう．しかし近代化の波は確実に押し寄せており，最近ではミャンマーやカンボジアなどでもコンクリートの水路をちらほら見るようになった．この牧歌的な水田漁撈文化がいつまで続くかは定かではない．

淡水魚は美味しい？

日本では淡水魚，特に純淡水魚は，泥臭いなどの理由で一般には積極的に食されることはないが，東南アジアの内陸部では，上記でも述べたように淡水魚も好んで食される．もちろん，それは海から遠いという事情もあるが，単純に，淡水魚が海水魚にも並んで美味しいという事情もあるだろう（**図 1.15**）．日本人が一般に持つ，淡水魚は泥臭い，という感覚はアジアではまったくない．実際に現地で食べる淡水魚は臭みがない上，濃厚な味がして美味しい．東南アジアにおいて食用となる淡水魚は都会でも，日本でいうスーパーやデパートのような場所でも，養殖物を中心に冷凍で売られている．ただし大半の人は地域の市場（ローカルマーケット）で購入したり（**図 1.16**），直接周辺の川や湿地で捕ってきて消費したりする

図 1.15　熱帯の淡水魚の味

ナマズの一種（*Hemibagrus capitulum*）を釣ったその場で，焚き火で塩焼きにしてもらった．淡白でありながら脂が乗っており，期待以上に美味であった．

図 1.16　地域の市場で取引される淡水魚

ミャンマー・シャン州の市場の風景．市場は朝 7 時くらいから開かれるが，10 時にもなるとほぼすべて売り切れてしまう．最後のほうは，こんなのが売れるのかと思うような腐りかけの魚まで売れてしまうことから，いかに皆魚好きかが伺える．

（**図 1.17**）．そのため，日本人に比べると，人々の生活と淡水魚の距離が近い．たとえばカンボジアでは，「トライ・リエル」（クメール語で小魚の意味）と呼ばれる広く見られる淡水魚の仲間がいる．一方「リエル」はカンボジアの通貨の単位でもあり，かつてこの魚が貨幣の代わりとして使われていたことを彷彿させる．ただし実際には，リエルは 19 世紀の植民地時代前後に使われていたメキシコの通貨「リアル」から来ているという説もある．とはいえ，前者の説が広く一般に信じられている点で，やはり淡水魚と人々が強い関係で結ばれていることを示しているだろう．

内陸の多い中国においても，やはり淡水魚は重要なタンパク源である．特に中国の長江デルタの一角をなす太湖とその周辺（3.1 節）は，古くから「魚米之郷」と称され，中国有数の穀倉および淡水漁

図 1.17　漁をする地域住民

(a) サラワク・マレーシアにて．村のすぐ裏にある湿地で，夕食になる小魚を手慣れた手順で魚をモンドリに追い込む．(b) カンボジアにて．子供も水に飛び込んで地引網漁を手伝う．

業地帯として広く知られる．また中国では，家畜ならぬ家魚という言葉があり，ハクレン，コクレン，ソウギョ，アオウオの 4 種を「四大家魚」(**図 1.18**) と呼ぶ．自宅の池や周囲の池沼にこの 4 種を放り込んでおいて，いつでも食べられるようにしておくという次第である．

日本においても，地方によっては純淡水魚を積極的に食べる．東京のドジョウ料理，長野県佐久市のコイ食，琵琶湖のイワトコナマズ料理や鮒寿司，佐賀県のフナ食（**図 1.19**）などが比較的有名だろう．近年は琵琶湖産のホンモロコなども日本各地で積極的に移植・

図 1.18　中国の四大家魚

(a) ハクレン，(b) コクレン，(c) ソウギョ，(d) アオウオ．いずれも外来魚として日本各地に定着しているが，食用として利用されることはない．

養殖されているようだ．外来のティラピア類は，奄美琉球地方で戦前戦後に積極的に養殖・放流されたが，日本人の舌には合わなかったらしく，今では利用されることもなく，各島のあらゆる水場でいわば侵略的外来種として定着してしまった（図 1.8；3.3 節）．

観賞魚・文化・宗教としての淡水魚

淡水魚の観賞魚というと一般には，どうしても色鯉や金魚など人工的に品種改良されたものが多いイメージがあるが，東南アジアの淡水魚はそのままでカラフルなものも多く（**図 1.20**；Box 7），観賞魚としてのポテンシャルが非常に高い．東アジアにおいても，タナゴの仲間（3.1 節）などは色鮮やかで人気があるが，飼育しているとどうしても色が落ちてしまいがちなのが残念なところである．

図 1.19　佐賀のフナ市

寒い 1 月，フナのもっとも美味しい時期にフナ市は開かれる．

また，たとえ地味でも，いぶし銀的な魅力を感じさせる種や，産地が限られる種，普通種でも色彩変異個体などが，やはり観賞魚として親しまれる．数ある観賞魚の中でもアジアアロワナは，世界的にもっとも愛されている観賞魚といっていいだろう (Box 6)．アジアアロワナとその生息環境については 2.5 節で紹介する．

日本の鯉のぼり，安来節（どじょうすくい踊り），鵜飼，各地のナマズ信仰などに見られるように，淡水魚は文化や宗教とも結びつくことがある．東南アジアでも，たとえばタイの一部の地域ではライギョの仲間（図 1.11）は神様やブッダの化身として崇められており，放生会の対象となることもある．また，ミャンマーのヤンゴンにある有名な水上寺院イェレーパゴダでは，周囲に棲むナマズの仲間は神の使いとして殺傷を禁じられている．カンボジアの大氾濫原トンレサップ湖（2.1 節）の近くにある古代遺跡アンコールワットでは，その壁画に多種多様な魚が描かれており，単に食料として

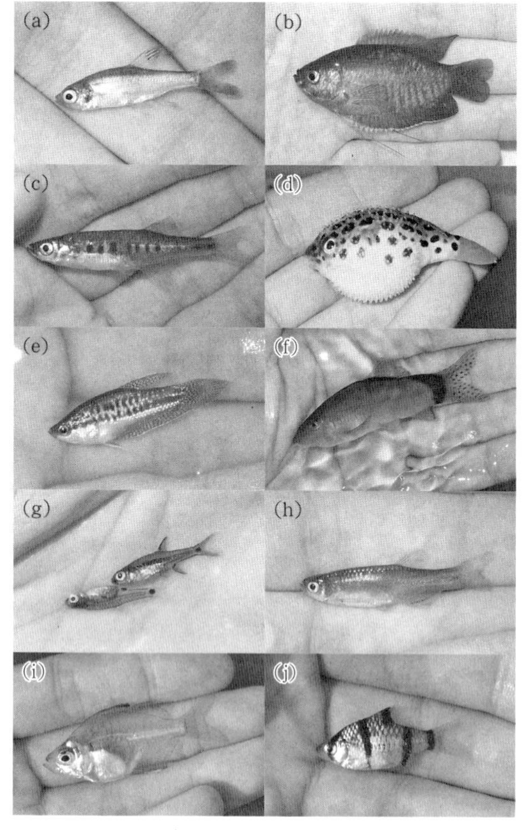

図 1.20　東南アジアの華やかな淡水魚たち

(a) *Sawbwa resplendens*, (b) *Trichopodus labiosa*, (c) *Inlecypris auropurpureus*, (d) *Dichotomyctere nigroviridis*, (e) *Trichopsis pumila*, (f) *Yasuhikotakia morleti*, (g) *Boraras urophthalmoides*, (h) *Brachydanio albolineata*, (i) *Parambassis siamensis*, (j) *Systomus partipentazona*. →口絵 1 参照.

だけではない，かつての人と淡水魚の豊かな関係性が想像できる (Box 4).

Box 4 アンコールワット，壁画に描かれた淡水魚

東南アジアを代表する湖，トンレサップ湖のすぐ北部に，やはり東南アジアを代表する世界遺産アンコールワットがある．アンコールワットは12世紀前半，ヒンドゥー教の寺院としてアンコール王朝スーリヤヴァルマン2世によって建立されたとされる．寺院にはいたるところに浅く彫刻されたレリーフが残っており，その中でもヒンドゥー教でいう天地創造「乳海攪拌」のテーマが掘られた壁画は，アンコールワット最大の見所の1つでもある．この乳海攪拌のレリーフの中には，淡水魚が数多く掘られている．トンレサップ湖の周囲にいる淡水魚が躍動的に描かれており，淡水魚が好きな方なら一見の価値があるだろう．

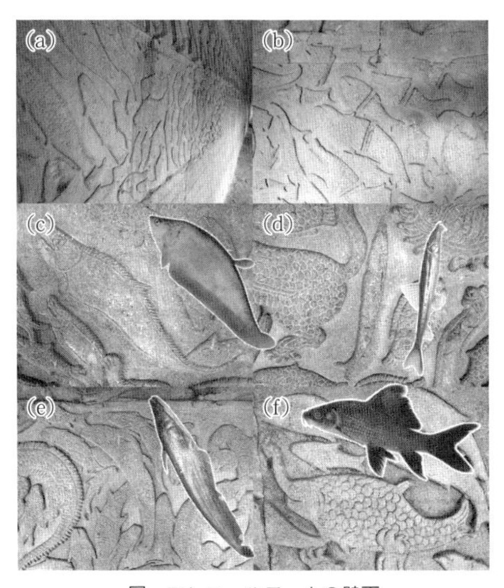

図　アンコールワットの壁画

(a) 一面に魚が掘られた壁面，(b) 物語の中で毒をもられたとして二つに切断された魚たち，(c) ナギナタナマズ (*Notopterus notopterus*)，(d) ウマヅラドジョウ類 (*Acantopsis* sp.)，(e) ワラゴナマズ (*Wallago* sp.)，(f) 鼻先が極端に伸びて強調されてはいるが，*Labeo* 属もしくは *Incisilabeo* 属の一種を模したと思われる．

参考文献

Asai T, Senou H, Hosoya K (2011) *Oryzias sakaizumii*, a new ricefish from northern Japan (Teleostei: Adrianichthyidae). *Ichthyological Exploration of Freshwaters* **22**: 289–299

Corlett RT (2014) *The ecology of tropical East Asia* 2nd *edition*. Oxford University Press

土井 淳 (1997) 東南アジア産コイ目魚類の分類学的研究の現状．魚類学雑誌 **44**：1–33

後藤 晃，塚本勝巳，前川光司 (1994)『川と海を回遊する淡水魚—生活史と進化』東海大学出版会

Gross MR, Coleman RM, McDowall RM (1988) Aquatic productivity and the evolution of diadromous fish migration. *Science* **239**: 1291–1293

服部 勇・田中和子 (1999) 河川流路の変遷と河川争奪．福井大学地域環境研究センター研究紀要「日本海地域の自然と環境」**6**：143–154

細谷和海（編）(2015)『日本の淡水魚（改訂版）(山渓ハンディ図鑑 15)』山と渓谷社

Iguchi K, Nishida M (2000) Genetic biogeography among insular populations of the amphidromous fish *Plecoglossus altivelis* assessed from mitochondrial DNA analysis. *Conservation Genetics* **1**: 147–156

海部健三 (2016)『ウナギの保全生態学（共立スマートセレクション 8)』共立出版

鹿児島の自然を記録する会 (2002)『川の生きもの図鑑』南方新社

環境省（編）(2015)『日本の絶滅のおそれのある野生生物 レッドデータブック 2014（4 汽水・淡水魚類)』自然環境研究センター

鹿野雄一・中島 淳 (2014) 小–中型淡水魚における非殺傷的かつ簡易な魚体撮影法．魚類学雑誌 **61**：123–125

川那部浩哉・水野信彦（編）(2001)『日本の淡水魚 改訂版』山と渓谷社

Kennard MJ, Arthington AH, Pusey BJ, *et al*. (2004) Are alien fish a reliable indicator of river health? *Freshwater Biology* **50**: 174–193

Kottelat M (2013) The fishes of the inland waters of Southeast Asia: A catalogue and core bibliography of the fishes known to occur in freshwaters, mangroves and estuaries. *The Raffles Bulletin of Zoology* **2013 (Suppl. 27)**: 1–663

Kumazawa Y, Nishida M (2000) Molecular phylogeny of Osteoglossoids: A new model for Gondwanian origin and plate tectonic transportation of the Asian Arowana. *Molecular Biology and Evolution* **17**: 1869–1878

Kwan YS, Song HK, Lee HJ, *et al.* (2012) Population genetic structure and evidence of demographic expansion of the Ayu (*Plecoglossus altivelis*) in East Asia. *Animal Systematics, Evolution and Diversity* **28**: 279–290

Matsumoto S, Kon T, Yamaguchi M, *et al.* (2010) Cryptic diversification of the swamp eel *Monopterus albus* in East and Southeast Asia, with special reference to the Ryukyuan population. *Ichthyological Research* **57**: 71–77

Mittermeier RA, Gil PR, Hoffman M, *et al.* (2004) *Hotspots revisited. Earth's biologically richest and most endangered terrestrial ecoregions*. Cemex

水野信彦・後藤 晃（編）(1987)『日本の淡水魚類—その分布，変異，種分化をめぐって』東海大学出版会

Moritz C (1994) Defining 'Evolutionarily Significant Units' for conservation. *Trends in Ecology & Evolution* **9**: 373–375

Myers NM, Mittermeier RA, Mittermeier CG, *et al.* (2000) Biodiversity hotspots for conservation priorities. *Nature* **403**: 853–858

中坊徹次（編）(2013)『日本産魚類検索 全種の同定 第三版』東海大学出版会

Nakabo T, Nakayama K, Muto N, *et al.* (2011) *Oncorhynchus kawamurae* "Kunimasu," a deepwater trout, discovered in Lake Saiko, 70 years after extinction in the original habitat, Lake Tazawa, Japan. *Ichthyological Research* **58**: 180–183

中島 淳・内山りゅう (2017)『日本のドジョウ』山と渓谷社

中島 淳・佐藤辰郎・鹿野雄一ほか (2015) 中国太湖周辺における淡水魚介類食文化の記録. ボテジャコ **19**：33–41

Nelson JS, Grande TC, Wilson MVH (2016) *Fishes of the world 5th edition*. John Wiley & Sons.

日本魚類学会自然保護委員会編 (2013)『見えない脅威 "国内外来魚"』 東海大学出版会

Pyle RL, Boland R, Bolick H, *et al*. (2016) A comprehensive investigation of mesophotic coral ecosystems in the Hawaiian Archipelago. *PeerJ* **4**: e2475

滋賀県立琵琶湖博物館 (2014) 第 22 回企画展示図録：魚米之郷（ぎょまいのさと）—太湖・洞庭湖と琵琶湖の水辺の暮らし—. 滋賀県立琵琶湖博物館

Takada M, Tachihara K, Kon T, *et al*. (2010) Biogeography and evolution of the *Carassius auratus*-complex in East Asia. *BMC Evolutionary Biology* **10**: 7

Voris HK (2000) Maps of Pleistocene sea levels in Southeast Asia: Shorelines, river systems and time durations. *Journal of Biogeography* **27**: 1153–1167

Watanabe S, Iida M, Kimura Y, *et al*. (2006) Genetic diversity of *Sicyopterus japonicus* as revealed by mitochondrial DNA sequencing. *Coastal Marine Science* **30**: 473–479

渡辺勝敏・高橋 洋 (2009)『淡水魚類地理の自然史』北海道大学出版会

渡辺勝敏・高橋 洋・北村晃寿ほか (2006) 日本産淡水魚類の分布域形成史：系統地理的アプローチとその展望. 魚類学雑誌 **53**：1–38

Woodruff DS (2010) Biogeography and conservation in Southeast Asia: how 2.7 million years of repeated environmental fluctuations affect today's patterns and the future of the remaining refugial-phase

biodiversity. *Biodiversity and Conservation* **19**: 919-941
安室 知 (2005)『水田漁撈の研究―稲作と漁撈の複合生業論』慶友社

② 東南アジアの現場から

淡水魚多様性の世界的ホットスポットである東南アジアの現場を，筆者らはその経済発展が特に目覚ましかった2007～2016年において調査を行った．たしかに東南アジアの淡水魚類多様性が豊かであることが確認できた一方で，インドビルマ区では水力発電ダムの開発が，スンダランド区ではアブラヤシ・アカシアなどプランテーションの拡大が，淡水魚類多様性に大きな影響を与えていることが推察された．また，ミャンマーの古代湖「インレー湖」では，やはり古代湖である琵琶湖と同じように，外来魚が生態系に大きく影響を及ぼしていることが懸念された．

2.1 カンボジア

カンボジアは，世界でもっとも淡水魚多様性の高い国の1つといってもよいだろう．国の南北をメコン川が流れ，広大な湖であるトンレサップ湖を有する．トンレサップ湖は単なる湖ではなく，水位変動の激しい「氾濫原」としての生態学的機能を有している．そのため淡水魚類の揺籃(ようらん)の地であり，カンボジアの水産資源の根幹を支えている．またカンボジア西部にはインドシナ地域でも有数の原生林が残るカルダモン山脈が広がり，生きた化石ともされるアジアアロワナなど希少な淡水魚が生息する．カルダモンのアジアアロワナは現金収入となる地域資源として，地域コミュニティとも強く結びついている．

広大な氾濫原トンレサップ湖

カンボジアの首都プノンペンの北西 150 km ほどに，トンレサップ湖（**図 2.1**）はある．アンコールワット (Box 4) や観光都市シェムリアップ (Box 5) とも近く，数多くの観光客が訪れる湖でもある．東南アジア最大の湖とされるが激しい季節性水位変動のため，その広さは数倍に広がったり縮小したりと，動的に変化する．このように変動する自然環境は，もはや湖というよりも「氾濫原」といった方が正しいだろう．湖畔の住民も独特の家屋に住み，この水位変動にうまく適応している（**図 2.2**）．そしてその変動によって生まれる豊かな水産物（**図 2.3**）を，存分に受けている．

図 2.1　カンボジア，雨季のトンレサップ湖の風景

乾季には地上だった場所も，雨季には水に浸る．植物もその変化に適応しており，節を次々に伸ばして，数メートルも上の水面に顔を出す．→ 口絵 2 参照．

図 2.2　トンレサップ湖の水上集落

(a) 乾季，超高床式の家も，(b) 雨季には水面がすぐ床下まで迫り，ボートを活用した快適な生活となる．

図 2.3　トンレサップ湖の漁業

(a) トンレサップ湖に設置された定置網と (b) その成果．この定置網だけで 41 種を確認した．

Box 5 シェムリアップ淡水魚研究所

大学に正式に所属する研究者でなくとも，ライフワークとして淡水魚と関わることはできる．むしろ自由の身であるため，より深く淡水魚と，そして自然と向き合い，大学研究者よりもよっぽど広い視野を持っていることが多い．

カンボジアの淡水魚の魅力に惹かれて移住までしてしまった佐藤智之さんは，その一人である．現在，シェムリアップというトンレサップ湖（2.1 節）の湖畔の街に「シェムリアップ淡水魚研究所」を立ち上げてご家族で在住している．現地ではガイドの仕事もしつつ，カンボジア中を飛び回って淡水魚の研究を行っている．筆者らも，佐藤氏と共同研究という形でカンボジアの淡水魚研究を進めている．

現在，佐藤さんはメコン川本流の水中写真撮影に挑戦している．メコン川本流は流れも強く危険な試みではあるが，世界的にもメコン川

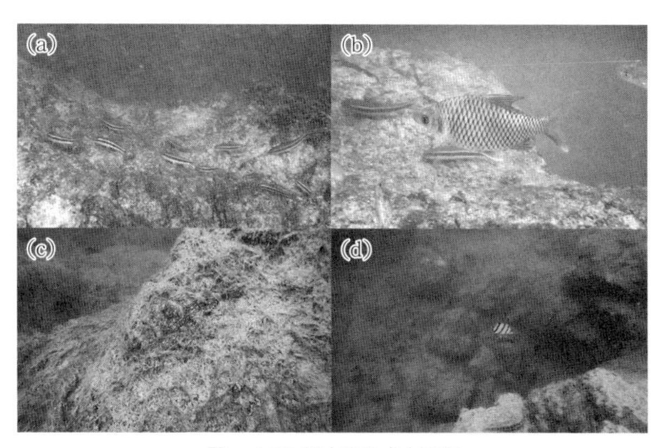

図　メコン川本流の水中写真

世界初公開？　シェムリアップ淡水魚研究所による，貴重なメコン川本流の水中写真（提供：佐藤智之氏）．

(a) *Garra fasciacauda* の群れ，(b) *Scaphognathops bandanensis*，(c) 風景に溶け込んだ毛フグ *Pao baileyi*，(d) 深場をゆうゆうと泳ぐダトニオの一種 *Datnioides undecimradiatus*．→口絵 3 参照．

の水中写真は誰もなしえていないビッグチャレンジであろう．また，メコン川本流はダム建設により今後大きく環境が変わることが予想されており（2.5 節），今後学術的にも貴重な資料になることは間違いない．
参考 URL: Cambodia Fish LIFE ～シェムリアップ淡水魚研究所 SRF-Labo～<http://cambodia-fishes-life.blogspot.jp/>（アクセス 2017 年 10 月 25 日）

なぜこうした周期的な水位変動があるような環境が豊かな水産物を生み出すのか．その答えの１つに「中程度撹乱仮説」がある．それは，たとえば水位変動のような中程度の撹乱がある環境で，もっとも生物多様性が高くなるという仮説である．あまりに安定した環境の中では，種間競争の結果，その環境に適した一部の種だけが優占する単純な生物相になってしまう．一方，撹乱が激しすぎると，やはり，一部のストレスに強い種だけが生き残り，やはり貧弱な生物相になってしまう．種間競争の決着がつかない程度にときどき撹乱が起きて環境が変わることで多種多様な生物が共存できる．たとえば，有名な阿蘇山の「野焼き」はちょうどよい撹乱をもたらし，希少植物をはじめ，多様な植物の共存を可能にしている．

また，氾濫してできた浅瀬が稚魚の成育に適しているということもあろう．水位変動の過程で一時的にできる浅瀬は溶存酸素も高く，大きな魚や親に捕食される心配もない．氾濫により生みだされる多様な生息環境が，サイズの異なるさまざまな成長段階の魚を育むとも言えよう．こうした環境にあわせるかのように，トンレサップ湖の多くの魚類は雨季に繁殖する．そして一部の魚種は，雨季にはトンレサップ湖へ，乾季にはメコン川本流へ，といったように，メコン川とトンレサップ湖の間を周期的に回遊している．メコン川とトンレサップ川（トンレサップ湖から流れる川）の合流点であ

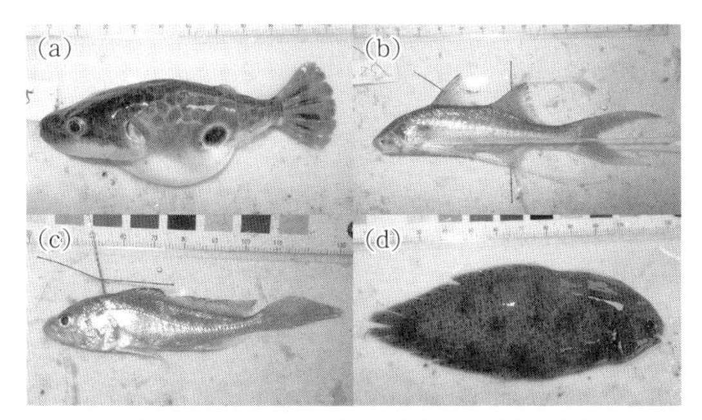

図 2.4　トンレサップ湖に適応した「海の魚」

(a) 淡水フグの一種 *Tetraodon cambodgiensis*, (b) 淡水コノシロの一種 *Polynemus aquilonaris*, (c) 淡水ニベの一種 *Boesemania microlepis*, (d) 淡水カレイの一種 *Brachirus panoides*.

るプノンペン周辺では，この回遊のため，季節によっては莫大な量の魚が簗漁で漁獲される．しかしこのようなメコン川内の回遊も，今後の水力発電ダム建設によって阻害される懸念がでてきている（2.5 節）．

トンレサップ湖にはおおよそ 150 種から 200 種ほどの魚類がいるとされている．それらの中でも，これは海で捕れたものではないかと見間違うような種も多い（**図 2.4**）．日本の純淡水魚ではあまり見られないが，熱帯では海産魚が起源となって純淡水環境に適応しているケースが多い．また，純淡水の浸水林いわば淡水マングローブ（**図 2.5**）があるのも世界的に貴重である．浸水林は淡水魚にとって隠れ家や餌場となるため，トンレサップ湖の膨大な水産資源を支えている重要な環境構造である．琵琶湖周辺において「湖」は「うみ」と読まれるが，トンレサップもまさに「うみ」と言っていいだろう．

図 2.5　トンレサップ湖の浸水林
水深は 5 m ほどで，樹冠だけが水面に出ている．右は筆者．

図 2.6　カルダモン地方
早朝の風景．

カルダモン地方とアロワナ

カルダモン地方（**図 2.6**）は，トンレサップ湖とならんでカンボジアの豊かな自然景観の見どころの 1 つである．平地の多いカンボジアにおいて数少ない山岳地帯でもある．カルダモンは，森林開発の進むカンボジアでは比較的健全な森林が残されており（とはいえ，それだけに現在破壊が激しいとも言えるが），淡水魚はメコン・トンレサップ水系とはやや異なる魚類相を有しているため，淡水魚の多様性の観点から興味深い地域である．中でも，アジアアロワナ (Box 6) はカルダモンを代表する淡水魚である．アジアアロワナは，カルダモンの他に，インドシナの各地，半島マレーシア，ボルネオ島（カリマンタン島），スマトラ島に分布する．各地のアロワナは地域ごとに色彩などが違い，カルダモンのアジアアロワナは，いわゆる「グリーンアロワナ」である．

カルダモンにおいてアロワナは，現金収入となる重要な資源である．繁殖期の 5 月から 7 月にかけて，地域の住民は男性を中心に水辺にキャンプを張って寝泊まりし，アロワナを捕る（**図 2.7**）．ただし捕るのは幼魚だけである．その理由として成魚を捕ると資源が枯渇してしまうこと，また，生きたままの取引には大きな成魚が向かないことがある．幼魚は，1 個体当たり 15 ドル（カンボジアでは

図 2.7　アロワナ・キャンプ

(a) 地域住民によるアジアアロワナ捕獲のキャンプと (b) 捕獲された幼魚．
→ 口絵 4 参照．

Box 6 淡水魚の龍虎

強い力を持ち，実力が伯仲する二人の英雄やそのライバル関係を示す言葉として「龍虎」があるが，（特に中華系の）観賞魚愛好家にとっても龍虎は存在する．龍は金属光沢の鱗がまさに龍を想像させるアジアアロワナで，虎は黄色と黒の虎模様を持つダトニオ・プルケールである．アロワナの仲間は，アジアアロワナの他にシルバーアロワナや近年ミャンマーで発見された唐草模様のミャンマーアロワナなど9種が知られるが，特にシンプルな形態と模様を持つアジアアロワナが「龍」として好まれる．さらにアジアアロワナは産地によって色が違い，カリマンタン（ボルネオ）島が産地となる赤色の品種・系統が，もっとも人気がある．色の違いや遺伝的な違いから，これらを別種とする意見もある．

ダトニオにもさまざまな種類があるが (Box 5)，大型化し縞模様の明瞭なダトニオ・プルケールが「虎」としてふさわしい．しかしこのダ

図　龍虎

(a) 龍としてのアジアアロワナ（全長 40 cm）と，(b) 虎としてのダトニオ・プルケール（全長 35 cm）．

トニオ・プルケールは，現在東南アジアでもっとも絶滅が危惧されている淡水魚の１つである．野生個体は各地でほぼ絶滅しており，繁殖の技術も確立していない．現在飼育している個体が途絶えれば，完全に絶滅してしまう可能性が高くなる．飼育個体も年々高齢化しており，生息地の保全とともに繁殖技術の確立が早急に望まれる．

米ドルが広く流通している）前後で業者と取引される．現地の物価を考慮すると，日本人の感覚でいえば1個体1万円ほどの相場であろうか．

アジアアロワナは特殊な繁殖生態を持っている．オスは，産卵されたピンポン玉ほどの卵を複数口に含んで，孵化した後もしばらく口の中で稚魚を保護する．そのため繁殖期は，オスは餌を摂らない．このような繁殖生態は，ティラピア類（図1.8）やベタ類などにも見られる．天敵から子どもを守るため，「口内哺育」という習性を進化の中で身につけたと考えられる．この口内哺育は熱帯の淡水魚類で多い傾向があるようだが，古い系統であるアロワナ類と，進化の最先端にいるようなティラピア類の両方で同じ繁殖戦略が見られることは興味深い．

キャンプでは，親の口から離れた幼魚を狙う．夜間，河原を探索すると，この稚魚がフラフラと水面を泳いでいるため，専用の長いタモ網で掬うという次第である．筆者もカンボジア水産局のメンバーや住民らと一緒にキャンプに参加し，このアジアアロワナの幼魚捕獲に挑戦してみたが，野生のトラに怯えながらも夜中の水辺を探索するのはなかなか楽しいものであった．住民らはこのような生活を数ヶ月間山の中で続けるわけであるが，現金収入とは別に，このキャンプ生活そのものが彼らにとって人生の１つの楽しみになっているのではないか，という印象を強く受けた．

残念ながら現在，カルダモン地方はさまざまな開発の波を受けている．アロワナにとって一番の脅威はやはり水力発電ダム（2.5節）の建設であろう．カンボジアは平地が多いため，数少ない山岳地帯であるカルダモンに水力発電ダムを作りたいという圧力がどうしても大きい．実際にアジアアロワナ生息地の周囲にも続々とダムが建設され始めている．ダムができると河川の物理環境がこのように大きく変わるため，アジアアロワナにとっては好ましいことではない．筆者らもダムの近くまでボートで下流からアプローチしようとしたが，不自然に土砂が堆積して水深 5～10 cm ほどの広大な浅瀬になってしまっており，ボートがスタックして動けなくなってしまった．こうなるとアジアアロワナどころか，普通の魚類も生息できない．また，ダムにより魚の移動が制限されることも大きな問題であろう．アジアアロワナというとマフィアや乱獲・密輸などのイメージがどうしても付きまとうが，実際には地域住民によって持続的な資源管理がゆるやかにされており，むしろダム開発など生息地の破壊のほうが桁違いに大きな脅威であることを痛感した．

2.2 半島マレーシア

ユーラシア大陸の中でも最南端を形成するマレー半島のうち，国としてのマレーシア領域を半島マレーシアという．大都市クアラルンプールをはじめ，東南アジアの中では比較的開発の進んだ地域である．生物相としてはスンダランド区に属し，インドビルマ区とは違った淡水魚類相が見られる．しかし一方で半島マレーシアでは近年まで，アブラヤシのプランテーションが激しく開発・拡大されてきた．アブラヤシはマレーシアの経済を大きく支える一方で，豊かな生物多様性を破壊してきた．淡水魚類についても例外ではない．

熱帯の淡水魚類多様性を支える河川の物理構造

冷帯より温帯，温帯より熱帯で生物の種数が多いのはさまざまな分類群で見られる一般的な傾向であり，淡水魚も例外ではない．東南アジアで魚捕りをするとちょっとした小川でも驚くほど多様な種が捕れて，いったいどうしてこれほど多くの種が共存できるのか不思議に思うほどである．その答えの1つが「棲み分け」であろう．棲み分けという言い回しがダーウィンの進化論や淘汰説などと相容れないところがあるとの理由から，この用語を嫌う研究者も少なくないが，ここでは平易な日本語である棲み分けという単語を使う．

熱帯の小河川を魚の生息環境という視点でみると，2つの軸がある．1つは河川の瀬淵構造で，もう1つは河畔植生による河川上空の遮蔽度である（**図 2.8**）．河川の瀬淵構造（横軸）では，瀬は流速が早く大きい石で形成された浅瀬，淵は流れが遅く細かい砂礫が堆積した深場である．この瀬淵構造は，河川中上流域のもっとも基本的な構造の1つである．河畔植生による河川上空の遮蔽度（縦軸）では，河畔植生が多くて高いほど河川は暗く，逆に河畔植生が貧弱だと開けて明るい場となる．そのため，生息場は大きく，暗い瀬，明るい瀬，暗い淵，明るい淵，の4つに分かれる．図 2.8 で示す黒点は，半島マレーシアの山間の小河川（川幅 2〜8 m）において，24 種の各魚種がどのようにこの2軸の生息場を利用しているかを示したものである．このように，各種はそれぞれ異なる環境を示す場所に棲み分けし，それに合った生態を持っている．たとえば淡水ダツの一種 *Xenentodon cancila* は暗い淵に生息する．小枝に似せた細い体で流れのない水面近くを遊泳し，林冠から落ちてきた昆虫などを捕食する．一方，*Lobocheilos rhabdoura* というコイ科の一種は明るい瀬に生息する．この魚は，大きな石に付着した藻類をこそぎとって食べており，日本で言えばアユのような生態を持っ

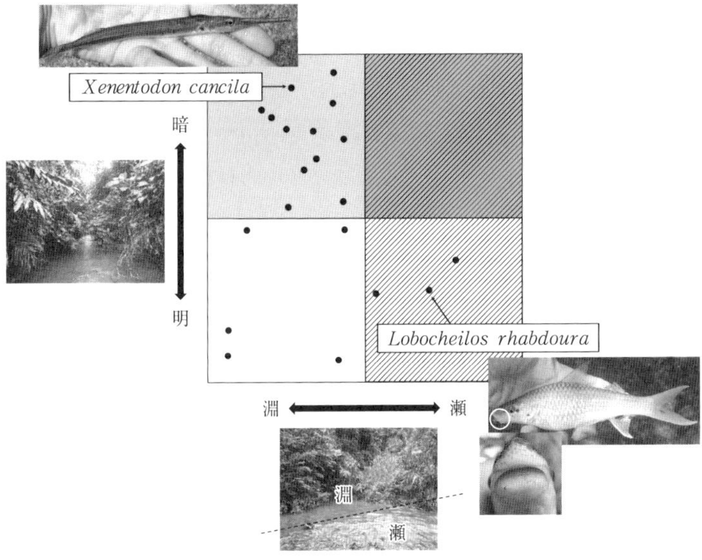

図 2.8　瀬淵構造と河畔林による明暗，その各勾配により生ずる熱帯小河川の淡水魚の棲み分け

各種の局所生息場を黒丸で示す．（Kano *et al*. 2013 Fig.2 を改変）

ている．実際にこの魚を食べてみると，アユによく似た味がする．

以上のように，こうした「棲み分け」が小河川の淡水魚相を多様にしている1つの要因である．このことは小河川の淡水魚だけではなく，あらゆる環境と生物に当てはまるだろう．当たり前の話ではあるが，さまざまな環境の多様性が生物の多様性を支えていると言っていい．

アブラヤシ・プランテーションと淡水魚

現在の半島マレーシアの自然環境において，アブラヤシ・プランテーション（**図 2.9** a）は最大の脅威であろう．アブラヤシはパームオイル（やし油）として，洗剤，マーガリン，バイオディーゼル

図 2.9　アブラヤシ・プランテーション

(a) 一面に広がるアブラヤシ．(b) 苗木の植えられた新しいアブラヤシ・プランテーション．河川には土砂が堆積し，平坦化している．

などさまざまな商品・製品の原材料になるため世界的に取引されているが，その多くがマレーシアとインドネシアで近年急激に広がったプランテーションで生産されている．現在，半島マレーシアの平地や緩やかな丘陵地は，都市以外はほとんどがアブラヤシ・プランテーションへと開発されている．日本人が一般に想像するような「豊かな熱帯ジャングル」は，実際にはごくごく一部にしか残されていない．

このアブラヤシ・プランテーションは，直接的な森林多様性の破壊だけではなく，間接的にさまざまな生物に影響を与えると懸念されている．淡水魚も例外ではない．その具体的な要因にはおもに3つが考えられる．1つは，アブラヤシ・プランテーションから土砂や砂礫が流出し，河床に堆積してしまうことである．こうなると河川は瀬淵構造を失い，メリハリのない平坦な環境へと代わってしまう（図 2.9 b）．上でも述べたように瀬淵構造が魚類の多様性にとって重要であり，このような平坦な河川に生息できる魚種は限られてしまう．2 つ目が河畔林の消失であり，これも上述したように，河畔林からの落下昆虫などを餌とする魚種には生息しづらい環境となる．このようにアブラヤシ・プランテーションは，河川の環境を瀬淵構造と河畔林の観点から一様化してしまうため，環境の多様性の低下に伴い生物の多様性も低下してしまう．3 つ目の要因として，水質の悪化がある．農薬などが河川に流入するほか，ミル工場（アブラヤシの実から油を圧搾する工場で，プランテーションの敷地内に建設される）からの排水などにより，プランテーション内を流れる河川の水質は悪化する．

図 2.10 は筆者らが半島マレーシアの 56 地点で定量調査を行った際の，河川周辺が雑木林，アブラヤシ林，都市での，在来淡水魚の種数や生息環境を比べたものである．在来の魚類種数は，雑木林の中を流れる河川で高く，アブラヤシ・プランテーション内の河川や都市河川では半減している．河床材料（河床を形成する石や砂のサイズ）は，その平均サイズがアブラヤシ・プランテーションで小さくなっている．水の濁り具合を示す濁度も，アブラヤシ・プランテーションで，都市河川と同じほど高い．これらのことは上記の懸念のように，細かい土砂が流出していることを示している．また，水質汚染の 1 つの指標である電気伝導度は，やはり雑木林よりもアブラヤシ・プランテーションで高くなっている．

ただしこのような傾向は外来魚では当てはまらない．一部の外来魚は水質汚染に強かったり，人為的に改変された環境に体制があったりする場合がある．また，水質汚染により在来魚が減るため，種間競争も生じなくなる．したがって水質汚染のひどい場所などでは

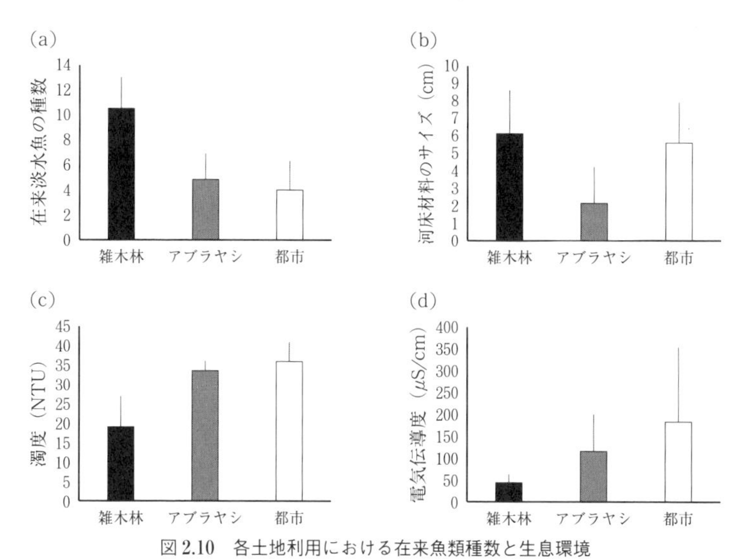

図 2.10　各土地利用における在来魚類種数と生息環境

各土地利用における (a) 魚類種数, (b) 河床材料 (河床の石や砂のサイズ), (c) 濁度, (d) 電気伝導度. 誤差線は標準偏差を示す.

外来魚が極端に優占することがよくある. 在来魚の密度が水質汚染の目安が上がるに従って減るのに対し (**図 2.11** a), 外来魚は逆に水質汚染のひどいところほど密度が高かった (図 2.11 b). このような, 水質悪化とも関連すると思われる外来魚の極端な増殖は, 中国 (3.1 節) や南西諸島 (3.3 節) でも見られた.

ランカウィ島と水田生態系

半島マレーシアで熱帯本来の豊かな生態系が残されている地域は今や数えるほどしか無いが, 半島マレーシアの北西に位置し, 観光地でも有名なランカウィ島はその数少ない 1 つである. カンブリア紀 (約 5 億年前) の古い地層なども残っており, 東南アジアで初めて「世界ジオパーク」として認定された島でもある.

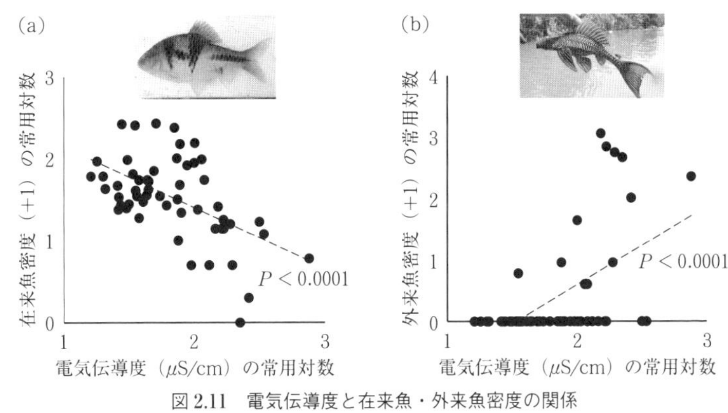

図 2.11　電気伝導度と在来魚・外来魚密度の関係

電気伝導度（水質汚染の目安）と単位捕獲努力量あたりの (a) 在来魚個体数密度および (b) 外来魚個体数密度との関係.

このランカウィ島において淡水魚類の多様性の視点から特徴的なのは水田であろう．アブラヤシの拡大や都市化などにより半島マレーシアではもはや珍しくなった水田地帯が，ランカウィ島にはまだ多く残されている．水牛による耕作が現代でも行われており（**図 2.12** a），日本のかつての牧歌的な水田景観もきっとこのようなものであったのだろう，と想像を掻き立てられる．この水田地帯は，半島マレーシア本土ではほとんど見ることのなかったベタの仲間（東南アジアの湿地の指標生物の 1 つ）が数多く生息している．

ランカウィ島は水田のほかにも，山地渓流，マングローブ林，干潟（図 2.12 b,c,d）も多いため，熱帯の生物多様性が箱庭的に凝縮された島でもある．島嶼であるため純淡水魚の種数は多くなく，闘魚の仲間（**図 2.13** a,b），渓流性のコイ科魚類（図 2.13 c），ドジョウ類（図 2.13 d）などを確認できた程度である．しかし，マングローブ帯などに生息する汽水魚（図 2.13 e,f）などを含めるとかなりの種数になると思われる．半島マレーシアを代表する観光地であ

図 2.12　ランカウィ島の自然景観

(a) 水田，(b) 山地渓流，(c) マングローブ林と古い地層を持つ山々，(d) 広大な干潟，など多様な景観からランカウィ島は成る．

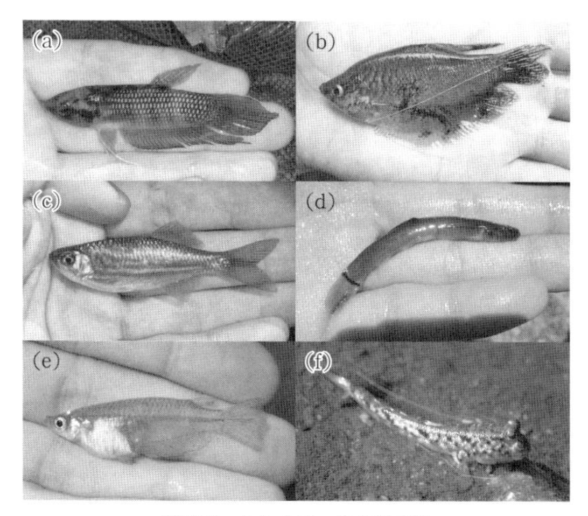

図 2.13　ランカウィ島の淡水魚

(a) ベタの一種 *Betta pugnax*，(b) グラミーの一種 *Trichopodus trichopterus*，(c) 色鮮やかな *Devario regina*，(d) 渓流性のドジョウ *Schistura robertsi*，(e) 大型の汽水メダカ *Orizias javanicus*，(f) 干潟に生息するミナミトビハゼ．

るため，今後これらの景観要素はそうそう改変されないとは願っているが，アブラヤシ・プランテーションの拡大は猛烈であり，やはり懸念を消すことはできない．

2.3 サラワクマレーシア

国家としてのマレーシアは半島マレーシアにある 11 州にくわえて，海を超えたボルネオ島（カリマンタン島）のサラワク州とサバ州からなる．この 2 州は多様な民族から成り立っており，半島マレーシアと比較してムスリム色が弱いのが特徴である．生物地理区としては半島マレーシアと同じスンダランド区に属するが，現在は海を隔てているため，淡水魚類相も多少異なる．アブラヤシのプランテーションはサラワクマレーシアでも急激に拡大している．アブラヤシだけではなく木材としてのアカシアのプランテーションが多いのも特徴である．これらプランテーションはやはり淡水魚類に大きな影響を与えていた．サラワクの特徴的な自然環境として「泥炭湿地」が挙げられる．そこには泥炭によって変質した水質に適応した特異な魚類が生息するが，やはりプランテーション開発の脅威が迫っている．

アブラヤシ・アカシアと淡水魚

アブラヤシ・プランテーションは，半島マレーシアだけではなくサラワクでもやはり急激に拡大している．また，サラワクではアブラヤシだけではなく，木材やチップとなるアカシアのプランテーションも多い．サラワクの沿岸では石油などもとれるため，石油，アブラヤシ，林業を軸とした資源州となっている．サラワク州は政治的に独立色が強いが（たとえば半島マレーシアからサラワク州への移動には，国内移動でもパスポートが必要でスタンプが押印されるなど)，それにはこのような背景がある．

サラワクの淡水魚の多様性はスンダランド要素が強く，半島マレーシア（1.2節）と一見よく似た魚類相ではある．とはいえ氷河期以降の海に隔たれた1万年という時間は決して無視できず，純淡水魚においては同種ではないがよく似た姉妹種が多い．また，島といっても日本の国土の2倍ほどの面積があるため，ボルネオ島内でもβ多様性（1.1節）が高い．

アブラヤシやアカシアのプランテーションが，サラワクの淡水魚の多様性に与える悪影響はやはり自明である．**図2.14**は，筆者らがサラワクの61地点で行った魚類調査の結果である．半島マレーシアと同様，アブラヤシ・プランテーションの中を流れる河川では雑木林のそれに比べて魚類の種数が半減している．アカシア・プランテーションも同様で，アブラヤシ・プランテーションよりは多少高いもののやはり種数は少ない．アカシア・プランテーションでも，アブラヤシ・プランテーションと同じように，土砂流出や農薬が淡水魚類に悪影響を与えていると考えられる．一方，水源林では，雑木林よりも魚類種数が高かった．水源林は現地で「プラウ」

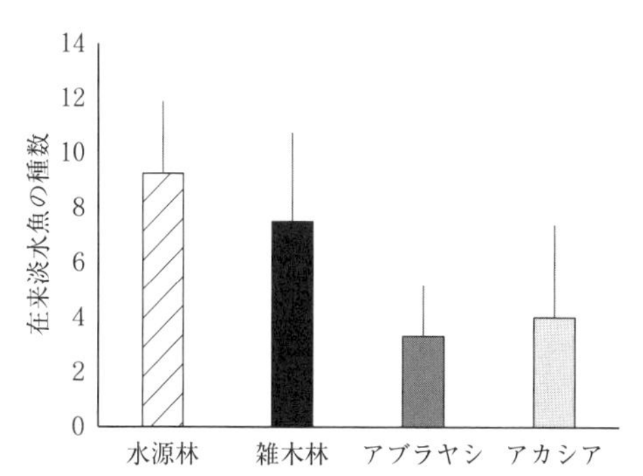

図2.14　サラワクの各土地利用における在来淡水魚類種数
誤差線は標準偏差を示す．

図 2.15　プランテーション開発の強大な圧力

アブラヤシに打ち付けられた「National Park（国立公園）」の看板．建前と現場の違いを痛感した．

と呼ばれ，水源確保のために各村落で管理されている森林である．基本的に原生林で構成され，植物多様性の観点からも非常に興味深い．プラウの魚類多様性の高さは，植物の多様性と淡水魚類の多様性が密接に結びついていることを端的に示しているだろう．ただしこの水源林も，大企業や行政の圧力により切り倒されている状況である．たとえば**図 2.15** は，植樹されたアブラヤシに打ち付けられた「国立公園」の看板である．地図で国立公園ということを知り，どんな魚がいるのか楽しみに現地に赴いたらこの有様であった．これだけでも，いかに強引にプランテーション開発が進められているかが窺い知れるだろう．現実的には，アブラヤシやアカシアのプランテーションは，世界的な需要によりサラワク州の経済を大きく支えている．また，たとえばサラワクでは土地の管理権（マレーシアでは土地は所有するのではなく，国からリースする）が天然林（1～15 年前後）よりもプランテーションのほうがはるかに長い（50～100 年）など，法的にも天然林を維持することが難しい状況であり，サラワクの森林環境保全における問題は根深い．

民族の多様性と淡水魚

サラワクの大きな魅力に民族の多様性がある．イバン族（**図 2.16 a**）をはじめ，ビダユ族，ケニャー族，カヤン族など多様な民族が混在し，文化，言葉，宗教も異なる．特徴的なのはどの民族も村落の単位が「ロングハウス」（図 2.16 b）という長屋であり，基本的に同じ民族からなる村民は全員 1 つの建物に住んで共同生活を行う．ただし稀に，同じロングハウスに複数の民族が生活していることもあるようで興味深い．かつて 100 年ほど前まで，これらの民族は互いに激しく戦闘していたが，現在では表面上は穏やかに互いに

図 2.16　サラワクの民族

(a) ロングハウスの廊下に集まるイバン（ダヤク）族の面々．広く長い廊下は憩いの場である．(b) 高床式のロングハウスはその名の通り長く，ときに 100 m を超えるものも珍しくない．イバン族はかつて結婚の条件として「首刈り」の風習があったことでも有名であるが，現在は，村民は友好的で気さくである．下の網を持つ少年は，お小遣いもせびらず調査を延々と手伝ってくれた．→ 口絵 5 参照．

交流している．

淡水魚は彼らにとって，大きな関心の対象である．なぜなら多くのロングハウスは河川沿いに建てられており，周囲で捕ってきた淡水魚は日常の食料となるとともに，売りに出すことで現金収入にもなるからである．あまりお金にならないような小魚は食料として消費し，味のよい大型の個体が捕れた場合は街に出て現金に変えられる場合が多い．たとえば「タパ」と呼ばれるナマズの一種 *Wallago leerii*（図 1.10 a）は 1 kg あたり 40 リンギット（約 1000 円），「エンプラウ」と呼ばれる大型のコイ科の一種 *Tor tambroides*（**図 2.17**）は 1 kg あたり 200 リンギット（約 5000 円）と，高値で取引される．

言語は民族間で違うため，魚の名前も異なる．また，同じ民族でも村間で異なることが多い．魚を通じた交流や婚姻は民族間・村間でも行われるため，魚の市場価値と名前の間には何らかの関係がありそうである．**図 2.18** は，イバン，ペナン，カヤン，ケニャー族の 15 の村において，69 種の魚の名前をアルファベット表記でどう発音するかについて，その取引価格と発音の類似性を民族内村間と民族間村間で比較したものである．民族内の比較においては，取引

図 2.17　高級魚「エンプラウ」

20 cm ほどの若魚．成魚は 1.2 m，20–30 kg にまで成長する．大きい鱗と金色の体色が特徴で，脂の乗った濃厚な味のため人気があるが，近年は生息環境の劣化のため資源量は減少している．

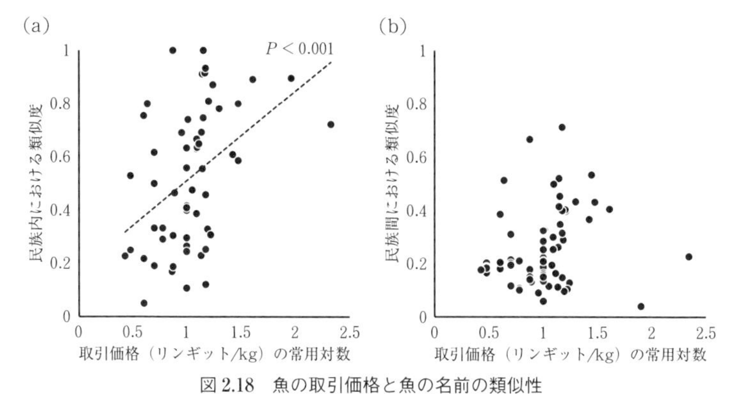

図 2.18　魚の取引価格と魚の名前の類似性

取引価格と名前の類似性について (a) 民族内での比較した場合と (b) 民族間での比較した．

価格が高いものほど同じような名前で呼称されているが，民族間においてはそのような傾向は認められない．さらにここで，各種の魚の名前について

「名前の頑健性インデックス」＝「民族内の名前の類似性」
－「民族間の名前の類似性」

を仮定する．このインデックスが高いほど，民族内では統一して呼ばれているのに民族間では別名で呼ばれているということになり，その名前の固有性や頑健性のようなものを表すだろう．このインデックスについて市場価値と比較すると，**図 2.19** のように，取引価格の高いものほど頑健性が高い．つまり，市場価値の高いものほど各民族で固有の名前がついており，他の言語に影響されない頑健性を持っている．逆に市場価値の低い言葉は，名前の扱いがいい加減であり，民族内でも別の名前で呼ばれていたり，他の民族の名前に影響されて流動的に変わったりする．名は体を表すというが，たか

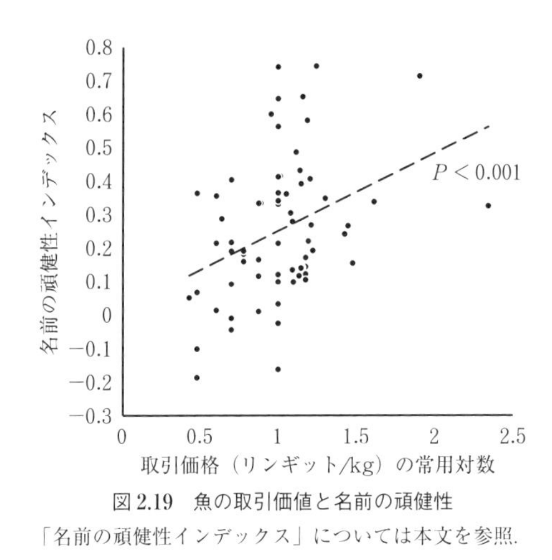

図 2.19　魚の取引価値と名前の頑健性

「名前の頑健性インデックス」については本文を参照.

が魚の名前にもこのようなちょっとしたストーリーが眠っていたのは新鮮な驚きであった.

失われる泥炭湿地と淡水魚

ボルネオ島の特徴的な自然環境に泥炭湿地（ピートスワンプ）がある（**図 2.20**）. 泥炭湿地は, 植物などが水に浸かったままほとんど分解せずに堆積した有機物の層をもつ湿地や湿地林のことである. 炭素の塊でもある泥炭の層は, 深いものは 10 m にもなり, 5000 年以上もかけて形成されたと考えられている. 泥炭湿地は一般に低地の平野にあるため, アブラヤシやアカシアのプランテーションの開発の波を激しく受けている. 現在マレーシアやインドネシアでは, 開発されて乾燥化した泥炭層から大量に二酸化炭素が放出されたり, ときには火災が発生して「ヘイズ」と呼ばれる煙霧の被害をもたらしたりと, 大きな社会問題となっている. そしてなによりも, 泥炭湿地は熱帯の生態系において欠かすことのできない重要

図 2.20　サラワクの泥炭湿地

(a) 薄い紅茶ほどの色がついた泥炭湿地．(b) 特に色の濃い泥炭湿地．黒光りして鏡のように景色を反射している．ここは，サラワクでも数少ないアジアアロワナの生息地でもある．

な要素であり，その喪失は生物多様性の観点からも深刻である．

熱帯の淡水魚の一部は，泥炭湿地の環境に適応している．泥炭湿地は一般に紅茶色に染まり，酸性になる．そのためだろうか，泥炭湿地に適応した魚類は独特の色彩や形態を持つものも多く，いかにも観賞魚として飼育して楽しそうなものが多い（**図 2.21**）．これらの魚たちは，泥炭湿地の特殊な水環境に適応しているため，他の環境で生き残るのは難しい．泥炭湿地の減少に伴い，これらの淡水魚も影響を避けられないだろう．

2.4 ミャンマー・インレー湖

ミャンマーはモンスーンアジアの中でも，東南アジア要素と南アジア要素が混在する地域である．そんなミャンマーの中でも特に「インレー湖」は，文化および生物多様性いずれの面からも特別な環境である．インレー湖は数百万年以上の歴史を持ち，世界に 20 ほどしかない「古代湖」の 1 つである．古代湖の特徴として，その湖にしか分布・生息しない「固有種」が挙げられるが，インレー湖も例に違わず数多くの固有種が生息する．しかしインレー湖では，

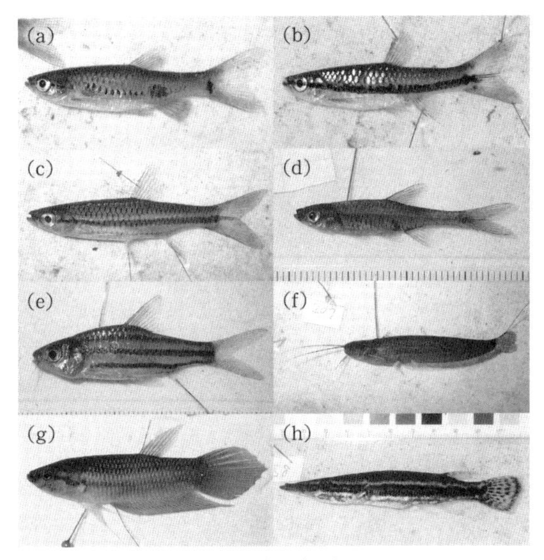

図 2.21　泥炭湿地の魚たち

(a) *Rasbora kottelati*, (b) *Rasbora einthoveni*, (c) *Rasbora cephalotaenia*, (d) *Trigonopoma pauciperforatum*, (e) *Desmopuntius johorensis*, (f) *Silurichthys marmoratus*, (g) *Betta akarensis*. (h) *Luciocephalus pulcher*.

ナイルティラピアなどの外来魚が侵入して生態系に影響を与えている可能性があることが明らかになった.

インレー湖の成り立ちと文化・風景

インレー湖は, インド亜大陸がユーラシア大陸とぶつかった時にできた一連の地形（ヒマラヤ山脈とその東西延長にある起伏）の東端に位置し, 古い昔に, なんらかの自然要因により谷がせき止められてできた細長い湖である. その歴史は数百万年にも遡るとされる. このような古くからある湖を生態学的・地質学的に古代湖と言うが, インレー湖は世界でも 20 ほどしかない貴重な古代湖の 1 つである．

インレー湖とその周辺にはインダー族と呼ばれる漁撈民族が暮らしている．インダー族は，インレー湖がもたらす自然の恵みに寄り添った豊かな文化を持っている．その中でも，脚でオールを漕ぐ技術（**図 2.22**）は特筆すべきであろう．この技術はインダー族なら老若を問わず多くの男性が習得しているようで，7 歳にも満たないであろう幼い子どもが，器用に足漕ぎしながら湖面で船を操作しているのを見ることも稀ではない．この技術により両手が自由になるため，漁の効率は格段に向上する．彼らにとって船を足で漕ぐことは，我々が自転車に乗る程度の感覚なのであろう．世界にはさまざまな漁撈民族がいるであろうが，筆者の知る限り足漕ぎ文化が発達したのはインレー湖のインダー族だけである．このような合理的な技術が他の地域で獲得されなかったことのほうが，むしろ不思議なほどではある．

カンボジアのトンレサップ湖（2.1 節）と同様，水上家屋（**図**

図 2.22　インレー湖とインダー族

インレー湖の湖面．足漕ぎしながら刺し網を操るインダー族の漁師．

図 2.23　インレー湖の水上家屋

カンボジアの水上家屋（図 2.2）とは，壁の素材など趣が多少異なる．(a) 正面に置かれている大きな網はコイを捕るための専用のもの (Box 8)．(b) 器用に足漕ぎをする 7 歳ほどの少年．

2.23）も広がっている．やはり高床式で多少の水位の変動に対応できる仕組みになっているが，氾濫原であるトンレサップほどの高低差はない．これらの民は漁撈の他，水上の野菜栽培で生計を立てている．インレー湖は高地にあって気温も低いため，トマトなどの野菜が湖面の浮島で耕作されている（**図 2.24**）．ただし，肥料や農薬がインレー湖の水質を悪化させているとして問題にもなっている．

インレー湖の魚類の多様性と外来魚

およそ文化が特異な場所は生物多様性も特異であることが多い

図 2.24　インレー湖の浮島野菜栽培
(a) 水上の野菜畑, (b) 市場で売られる色とりどりの野菜.

が, インレー湖も多分に漏れず独自の生物多様性を有している. インレー湖は数百万年という古代からの歴史を持つ上, 周囲を山地に囲まれているため, その地域だけに適応した水生生物が進化したためである. 淡水魚も, インレー湖周辺でしか見ることのできない固有種が 15 種以上はいる (**図 2.25**; Box 7). インレー湖の固有種の中でも特筆すべきはコイの一種, インダーコイ *Cyprinus intha* だろう (Box 8). 学名の後半が「*intha*」だが, これはインダー族に由来する. 実際にこのコイはインダー族の漁撈文化とも深く関わっており, インレー湖を象徴する魚でもある. しかし現在, インレー湖の周囲では移入のコイである *Cyprinus rubrofuscus* (Box 8) が養殖されており, 逃げ出した移入コイが湖内で増えて, インダーコイと交雑している懸念がある. このインダーコイはコイ類の中でも特に古い系統であり, 移入コイとの交雑により遺伝的撹乱が生じれ

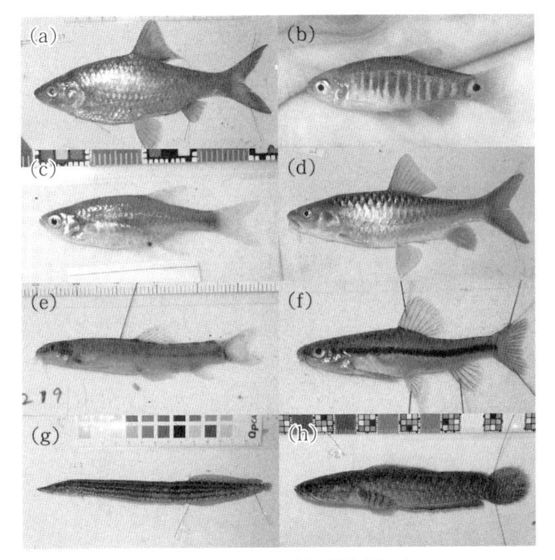

図 2.25　インレー湖の固有種たち

(a) *Poropuntius schanicus*, (b) *Celestichthys erythromicron*, (c) *Microrasbora rubescens*, (d) *Neolissochilus nigrovittatus*, (e) *Physoschistura shanensis*, (f) *Petruichthys brevis*, (g) *Mastacembelus caudiocellatus*, (h) *Channa harcourtbutleri*.
これらの他に *Sawbwa resplendens*（図 1.20 a）や *Inlecypris auropurpureus*（図 1.20 c），*Gymnostomus horai*（図 2.28 a）などもインレー湖固有種である．

ば，数百万年にわたって培われてきたインダーコイのアイデンティティも失われてしまう．筆者らの調査でも，形態的にこの 2 種の交雑と思われる個体が見つかっており，今後の遺伝子解析の結果が待たれる．

問題は移入コイだけではない．いわゆる侵略的な外来魚であるナイルティラピアは，現在インレー湖で爆発的に増殖している．たとえば地方の市場を見てまわれば，半分以上がナイルティラピアで占められる（図 1.8 e）．もともとナイルティラピアがインレー湖の水

Box 7　天国に一番近い魚

筆者がこれまでに出会った魚の中で，どの魚が一番好きか？　と問われれば，なかなか答えに迷うのであるが，しいて挙げれば学名で *Celestichthys margarita* とされるコイ科の魚である．

「*Celestichthys*」はラテン語で「天国の魚」，「*margarita*」はやはりラテン語で「真珠」の意味である．「真珠の模様を持つ天国の魚」とでも訳せようか．成熟しても全長 3 cm を超えない小さな魚で，濃い橙色の鰭と藍色の体側に並ぶ真珠模様が非常に美しい魚である．熱帯魚ファンの間でも人気のある魚で，「ハナビ（花火）」や「ギャラクシー（銀河）」などの愛称でも親しまれている．

分布域は極めて狭く，ミャンマー・インレー湖の北東部に位置するホポンという高地の村の，湧水地帯に生息する．実際に現地に赴いたが，渾渾と水が湧き，青く透き通る池では子供も大人も一緒になって水遊びをしているような，まさに天国のような場所であった．捕獲を試みると，水草が茂っている浅い細流で，他の魚に混じって散発的に採取できた．初めて捕れたときは，その小さな体に凝縮された美しさ

図　天国の魚

手のひらにのせた，全長 25 mm ほどの成熟オス．

に感動し，しばらく呆然と見入っていたことを思い出す．

筆者は家を留守にする事が多いため，常時管理を必要とする熱帯魚を飼育することは（泣く泣く）しないように努めているが，この「天国の魚」だけは，帰国してからすぐに熱帯魚屋から購入してしまった．飼育していると，その特異な生態に少し驚いた．一般にコイ科の魚なら餌をあげた場合，慣れさえすれば水面に浮かんでいる餌も底に沈んでいる餌も積極的につついて，忙しそうに食べるのが普通である．しかしこの魚は，いかんせん食欲がない．水中を漂う目の前の餌にたまたま気づいたら驚いたように食べる程度である．水面に浮かんでいる餌も底に沈んでいる餌には，見向きもしない．普通の観賞魚のように餌をあげればあげるだけ喰って腹部がパンパンになるということもない．繁殖もどことなくか細く，ときどき気が向いたら数個の卵を水草の上にばらまいているだけの様子である．どんな魚も飼っていれば，なんとなく生に対する貪欲さとか執着心のようなものをなんとなく感じるのであるが，この魚からはそれは見えない．現世では居場所がないよ，といった様子で，落ち着きなく水槽の中を泳ぎ回っているといった体である．よくこんな魚が自然界で淘汰されずに生き残っているものだ，というのが正直な印象である．好き勝手かつ無意味に進化したようにさえ思える．実際に，生息地の環境が変わったり外来魚が入ったりしたらすぐにでも野生絶滅してしまうのであろう．

Box 8 アジアの鯉

ミャンマー・インレー湖には，固有のコイ *Cyprinus intha* が分布する．その原始性から古代鯉と呼ばれることもある．鱗が大きくやや体高が低いのが特徴で，地域住民の貴重な食料源となっているが，近年になって別の系統のコイが周辺で養殖されており，交雑が心配される．また，インレー湖の文化の一部はこの古代鯉とも結びついており，重要な地域遺産でもある．たとえばインレー湖に古来より生活してい

図　鯉

(a) ミャンマー・インレー湖に固有の古代鯉 (*Cyprinus intha*) とそれを捕獲するための漁具（観光漁師）．(b) インレー湖周辺の市場で売られていた養殖と思われる個体 (*Cyprinus rubrofuscus*)．(c) カンボジア・メコン川本流周辺の市場で売られていた野生と思われる個体 (*Cyprinus rubrofuscus*)（撮影：佐藤智之）．(d) カンボジアの養魚場で飼育されていた色鯉 (*Cyprinus rubrofuscus*)．東南アジアでは色鯉も好んで食される．(e) 中国太湖流域の野生個体 (*Cyprinus carpio*)．(f) 北大東島のルーツ不明の野生個体 (*Cyprinus*sp.)．(g) 福岡県の野生個体 (*Cyprinus carpio*)，典型的な養殖系統の特徴を持つ．

るインダー族が用いる大きな釣鐘状の網は，従来，この古代鯉を捕るための漁具で，インレー湖の牧歌的な風景の一部となっている．しかしこの漁具を船に乗せている漁師の多くは，もはや観光漁師である場合が多い．

中国南部，ラオス，カンボジア，ベトナムなどにはやや体高の高い *Cyprinus rubrofuscus* とされるコイが分布する．しかし原産や在来性が不明な上，学名上の *Cyprinus carpio* との混乱もあって詳細は不明である.

日本に分布するコイは，史前帰化や近年になって移入されたとされるユーラシア大陸原産のものと，日本在来のものの 2 つタイプがあるとされる．一般に見かけるのは大陸系統飼育型や養殖型とされるもので，在来のものは琵琶湖や四万十川など水深のある水環境や大型河川に限って分布するとされる．学名としてはいずれも *Cyprinus carpio* が割り当てられているが，日本在来のものについては今後別の学名が付く可能性もある.

コイは日本人にとってもっとも馴染み深い淡水魚の 1 つである．しかしその世界的な分類や系統，在来性などについては，いまだ謎の部分が多く，研究の余地が多く残されている.

環境や気候条件に適していることに踏まえ，近年の富栄養化などの水質悪化がそれに拍車をかけているのであろう（図 2.11 b)．外来魚はこのナイルティラピアだけではなく，最終的に 17 種もの外来魚がインレー湖で確認された（**図 2.26**).

筆者らは 3 年間に渡りインレー湖で調査を行ったが，以下の既知の 2 種については生息を確認することができなかった．1 つはインレー湖の固有種 *Silurus burmanensis* で，日本のナマズ（*Silurus asotus*）にも近い種である．インレー湖の東アジア要素を形成する貴重な種であるが，現在は極めて数が少ない状態にあると思われる．もう一種もやはり固有種で，*Systomus compressiformis* というコイ科の一種である（**図 2.27**)．古い学名がそのままついてはいるものの，明らかに *Systomus* 属ではなく，分類学的な精査が必要な興味深い種である．この *Systomus compressiformis* については聞き取り調査の結果から，すでに絶滅した可能性が高い．この原因はさまざま考えられるが，生態的によく似ており競合しやす

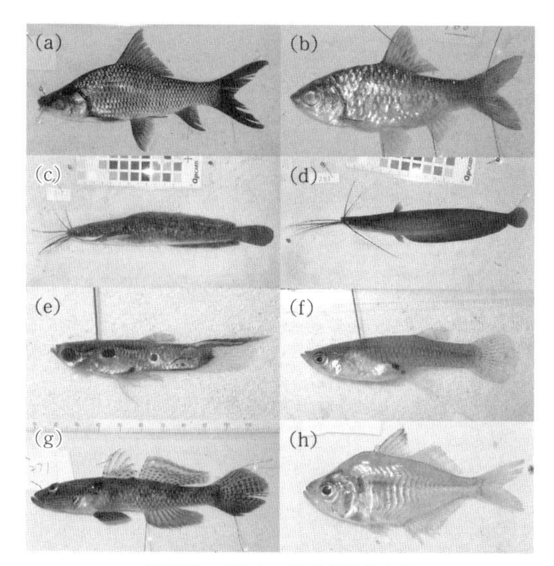

図 2.26　インレー湖の外来魚たち

(a) *Labeo rohita*, (b) *Puntius sophore*, (c) *Clarias gariepinus*, (d) *Heteropneustes fossilis*, (e) グッピー, (f) カダヤシ, (g) *Glossogobius giuris*, (h) *Parambassis ranga*.
これらの他にナイルティラピア（図 1.8 e）や *Trichopodus labiosa*（図 1.20 b）などもインレー湖の外来魚である.

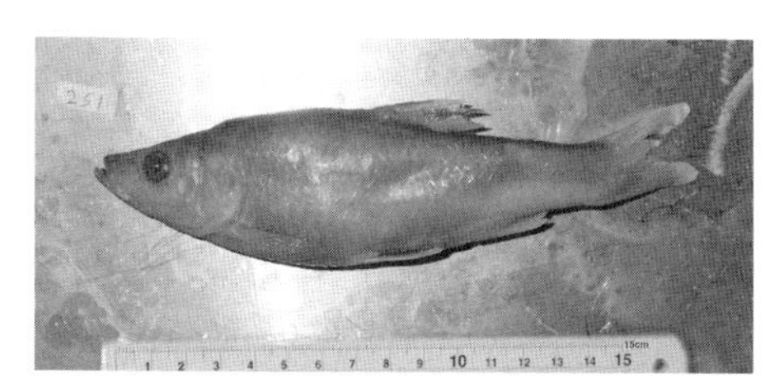

図 2.27　*Systomus compressiformis*

1990 年台の標本. 当時は一般的な魚として市場にずらりと並んでいたらしいが, 2014～2016 年の調査では 1 個体も確認できず, 絶滅した可能性がある.

いナイルティラピアの拡大が，その一要因となっているかもしれない．

インレー湖，トンレサップ湖，琵琶湖の比較

インレー湖をトンレサップ湖（2.1 節）や日本の琵琶湖と比較するのは面白い．インレー湖とトンレサップ湖は同じ東南アジアの湖であるが，前者が比較的環境の安定した古代湖であるのに対して後者は変動の激しい大氾濫原である．また，インレー湖も琵琶湖も古代湖であるが，地理的にはかなり離れており気候も違う．

インレー湖とその周辺には 30 種ほどの在来種が生息する．一方，2.1 節でも述べたように，トンレサップ湖には 150〜200 ほどの在来種が生息する．トンレサップ湖のほうが数倍の面積を誇るためこの比較は正当ではないが，たとえばトンレサップ湖の 1 地点だけで 41 の在来種を確認されること（図 2.3）などを考慮すれば，トンレサップ湖のほうがはるかに在来魚類の種数は多い．しかし，そうかといってインレー湖の魚類多様性が低いわけではない．生物多様性の評価に α・β・γ の 3 通りがあることはすでに 1.1 節で述べたが，インレー湖は固有種が多いためトンレサップ湖など他の東南アジアの湖と比べたとき，実は，β 多様性が高い．一方トンレサップ湖は，歴史が 5000 年ほどと浅い上に，メコン本流とも繋がっているため固有種は少ない（ただし多少の固有亜種や，同種でも色彩や形態の違いなどは，多くの種で認められるようである）．トンレサップ湖の淡水魚多様性が α 多様性によって支えられるのに対し，インレー湖の淡水魚多様性は β 多様性によって価値付けられると言っていいだろう．

外来魚の侵入状況でみると，インレー湖とトンレサップ湖ではだいぶ異なる．上述したようにインレー湖には 17 種の外来魚がいる上，資源量でみてもナイルティラピアが大半を占める．一方トンレサップ湖には，やはりナイルティラピアや，ローフー（図 2.26 a），アフリカナマズ（図 2.26 c），ハクレン（図 1.18 a），レッドコロソマ（ピラニアによく似た魚）などが確認されているものの資源量としては限られており，大量の在来魚に混じって混獲される程度である．このようにトンレサップ湖は外来魚の侵入に対して比較的頑健である．これは中程度の撹乱により外来魚が他種に打ち勝ってまで定着しにくいこと，また，メコン川など他の水環境との連続性があるため，在来魚が歴史的に種間競争の波に揉まれて適応してきたことなどが考えられる．さらに，多くの在来種がいるために生態学的な隙間「ニッチ」がほとんどない，という理由もあるだろう．一方でインレー湖は，在来魚は閉ざされた安定環境で適応してきたため，突然現れた新手の競争相手である外来魚にうまく対応できないと考えられる．

地理的には離れているものの，琵琶湖の状況はインレー湖によく似ている．琵琶湖には 15 ほどの固有種・固有亜種の魚類が分布するとされ，その固有性は日本の中でも抜群に高い．外来魚であるブルーギルやオオクチバスが琵琶湖に大量に生息して問題となっていることはよく報道されているが，やはりこれもインレー湖と同じ状態である．また，遺伝的には遠くても同じ形態のものが生息していることは興味深い．たとえばインレー湖には *Gymnostomus horai* という銀色で細長く，いかにも遊泳能力に長けていると思われる固有種がいるが（**図 2.28** a），これは琵琶湖の固有種ホンモロコ（図 2.28 b）と形態や顔つきがよく似ている．オーストラリアではフクロオオカミやフクロネズミなど，類縁関係の遠い生物間で似た形態を持ついわゆる「収斂」進化が起きているが，この *Gymnostomus horai* とホンモロコも収斂の関係にあると言っていいだろう．

図 2.28　インレー湖と琵琶湖に見られる「収斂」

(a) インレー湖の *Gymnostomus horai* と (b) 琵琶湖のホンモロコ（撮影：柿岡諒）.
両者は遺伝的には類縁関係にないがよく似た形態を呈する.

2.5 水力発電ダム開発とメコン川の未来

世界的な生物多様性ホットスポット，インドビルマ区における最大の脅威の1つは間違いなく水力発電ダムの開発である．特に現在ラオスで建設されているメコン川本流のダムは，ラオスだけではなく下流のカンボジアやベトナムにも影響を与えるとして，大きな問題となっている．しかし，具体的にどのような影響があるのか，その予想は難しい．筆者らは，インドビルマの淡水魚研究者ネットワークを最大に駆使して，大規模に淡水魚類分布のデータを収集し，水力発電ダムの影響について将来のシナリオ分析を行った．その結果，やはり水力発電ダムの開発は，当該地域の淡水魚類多様性に大きく影響を与えることが予想された．

インドビルマの水力発電ダム開発

いよいよ経済が発展する東南アジアにおいて，電力はその基盤となっている．電力には火力や原子力などさまざまあるが，大河川の多い東南アジアにおいて水力発電ダムは1つの大きな選択肢であろう．**図 2.29** は，インドビルマ地域における水力発電ダムの分布図である．タイのチャオプラヤ流域・ムン川流域・マレー半島部，ベトナムのレッドリバー周辺・アンナン山脈，ミャンマー東部などはすでに数多くのダムが建設されている．そして現在，ラオス全域とカンボジアの一部で激しくダム開発が進んでいる．中でもメコン川本流のダム開発は，当該地域の陸水環境を大きく変貌させる決定的な脅威である．

メコン川本流のダム建設はおもにラオスの南部と北部で建設中・計画中の物が多い．中でもラオスの北部のサイヤブリダムは，もっとも建設が進んでいるダムであり，近々稼働，もしくはすでに稼働している可能性がある．情報は積極的には公開されていないため詳

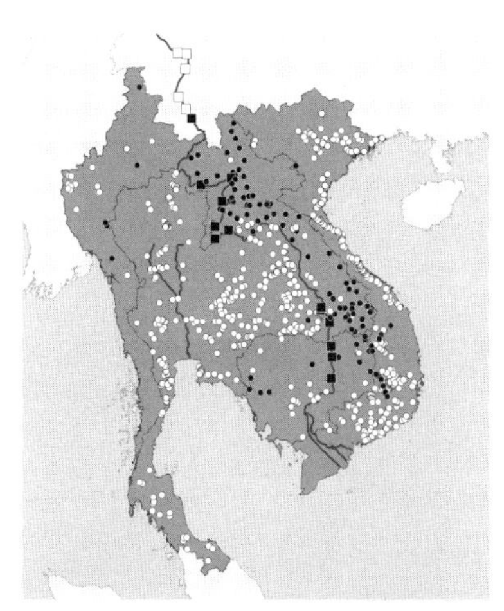

図 2.29　インドビルマ地域の水力発電ダム

既存のダムを白丸（メコン本流は白の四角）で示す．計画中・建設中のダムを黒丸（メコン本流は黒の四角）で示す．メコン本流のダムについては中国のものも示す．（Kano *et al*. 2016a, Fig.1 を改変）

しいことはわからない．なおメコン川本流のラオス中部付近はダム建設の計画がない．ラオス中部のメコン川はタイとの国境にもなっており，政治的にダムを建設することが難しいからである．韓国と北朝鮮の国境である38度線は人の手が及ばないため生物多様性の宝庫になっているとの話もあるが，世界的に見ても国境付近はこういった理由から生物多様性の高い地域が多いのではないかと筆者は考えている．ただし，メコン川による国境は38度線のような火花散る軍事境界線ではなく，人々は比較的自由に船で川を渡って買い物や交流などが行われているようではある．

ダムがもたらす典型的な影響は流域の断片化・分断化である（**図2.30**）．ダムが建設されると，本来の広々とした流域はダムにより断片化され，地図上からも息苦しいほどである．ダムは上流にも下流にも影響を与える．断片が小さいとその断片内の流域はほとんどの範囲にわたってダムの影響を受けることになる．ダム上流部はダ

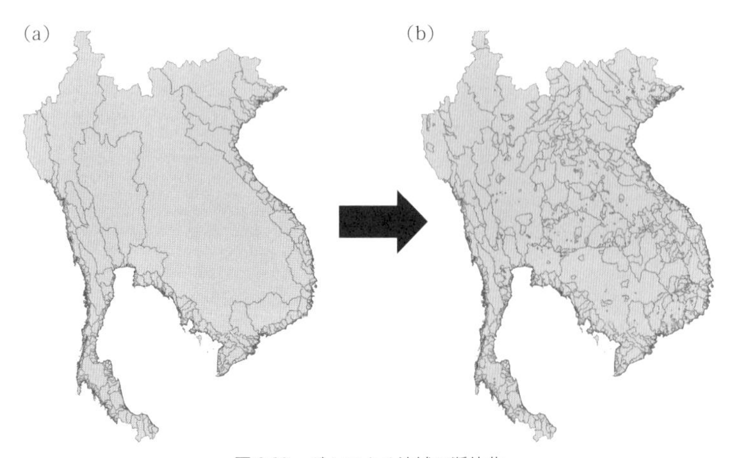

図2.30　ダムによる流域の断片化

(a) 本来の流域と (b) 計画中のすべてのダムが建設されたと仮定した場合．（Kano *et al*. 2016a, Fig.1 を改変）

ム貯水池になるため止水化し，ダムの下流部は土砂の流動が止まって河床が著しく固くなったり（アーマー化現象），細かい土砂が堆積して極端に浅くなったりする（2.1 節）．多くの魚類はこれらの水環境の変化による影響を間違いなく受けるだろう．また，少なくとも下流から上流への移動は不可能になる．上流から下流への移動も，不可能ではないにしてもかなり制限されることになる．

ダムが淡水魚類多様性に与える影響

これら水力発電ダムの開発は，淡水魚類多様性に具体的にどのような影響を与えるのだろうか．**図 2.31** は，筆者や筆者の共同研究者である東南アジア各国の研究者が，インドビルマ広域の 1571 地点において得た各種の分布データを元にして，現在の状況や水力発

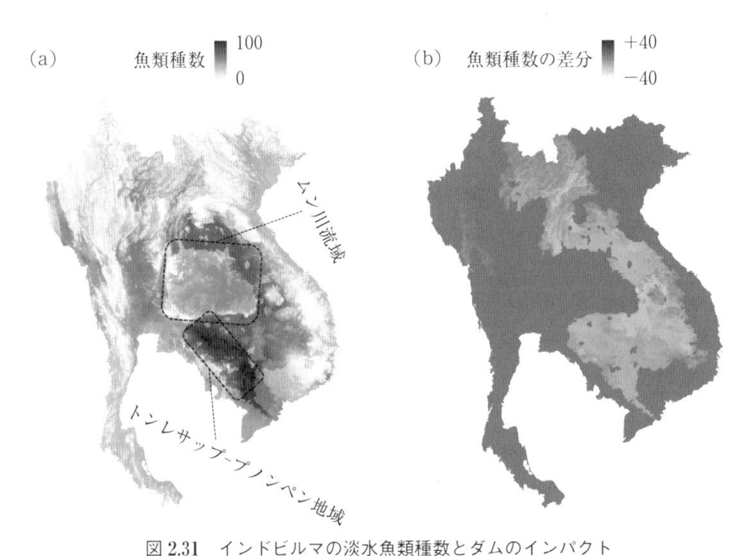

図 2.31　インドビルマの淡水魚類種数とダムのインパクト
(a) 現在の淡水魚類種数と，(b) 開発予定のダムが 80% 建設された場合との差分．1 km^2 あたりの種数で示す．（Kano *et al*. 2016a, Fig.3 を改変）

電ダムの影響を予想したものである．各種の分布データは，ダムの影響のあるところとないところ，山岳地帯の渓流や平野の緩流，氾濫原や湿地帯，降雨の多いところ少ないところなど，さまざまな環境で得たものである．この情報を元にして各地域の環境と各種の分布との関係を導き出し，ダムが建設された場合のシミュレーションを行うことで，その影響を予想した．まずは現在の各地の環境と各種の分布から，現状の魚類多様性を計算した結果，インドビルマ地域では 1 km^2 あたり 20〜100 種の淡水魚が生息すると予想される（図 2.31a）．特に高いのはトンレサップ湖（2.1 節）からプノンペンにかけての地域と，ラオス・タイのメコン川本流付近である．なおメコン流域の大きな支流であるムン川流域は，メコン川との合流点近くに水力発電ダムがあるため，周囲と比べて広い範囲で種数が低くなっている．このような状況は今後，水力発電ダムが開発されると大きく変わる．ダムが建設された場合の変化をシミュレーション・計算した結果，メコン川本流周辺を中心に種数は大きく減じることが示唆された．厳しい地域では 40 種減となり，ほぼ半減する（図 2.31b）．

水力発電の増加にともなって魚類多様性はどう影響を受けるのか，もう少し詳しく見てみよう．**図 2.32** はラオスとカンボジアにおける，電力の獲得量にともなう平均魚類種数の変化予測である．ラオスは現在平均で 38 種ほどだが，ダムができて発電量が増加するに伴い，種数も 25 種ほどへと落ち込む．一方カンボジアは現在平均で 60 種ほどだが，上流のラオスのダムの影響により，電力の獲得がなくても 50 種以下へと落ち込む．インドビルマ全体で見るとダムの発電量と魚類種数はトレードオフ（一方を追求すれば他方を犠牲になるという状態）の関係にある．しかし国単位で見た場合，メコン川は国際河川であるため，そのトレードオフは単純には

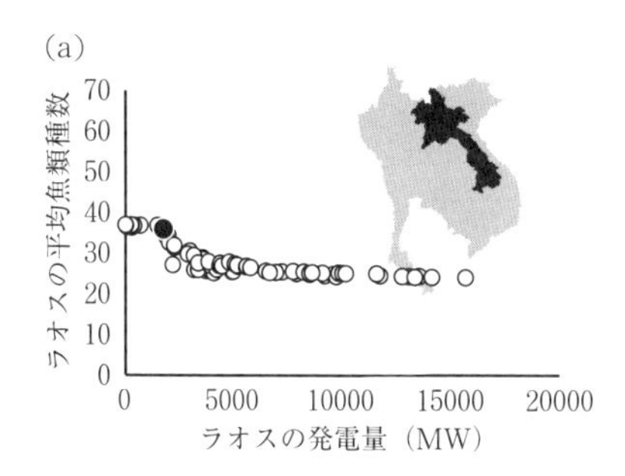

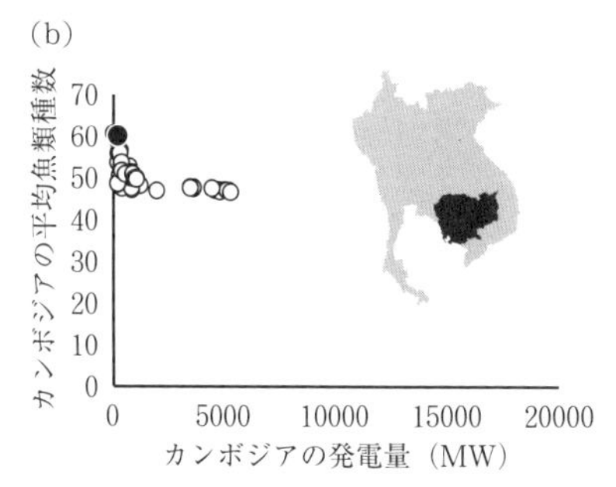

図 2.32　水力発電量に対する魚類種数の変化

(a) ラオスおよび (b) カンボジアにおいて，1 km² あたりどれだけの種数が出現するかについて，発電量増加に伴うダム増設のインパクトによりどのように低下するかを算出したもの．黒丸は現在の状況を示す．（Kano *et al*. 2016a, Fig.5 を改変）

成り立たない．特にカンボジアではラオスのダム開発の影響を，国を超えて大きく受ける．カンボジアの人口 1 人あたりの内水面漁業の年間漁獲量は約 20 kg で，これは世界一となる．この統計には個人で行われる漁業（図 1.17）は含まれないので，実際にはおそらく 1.5〜2 倍近くになるのではないかと考えられる．カンボジアの人々が摂取する動物性タンパク質の 80% が魚類であり，魚をよく食べるとされる日本の 45% よりもはるかに高い．これらの状況を考えると，メコン川やその周辺のダム開発によりもっとも影響を受けるのはカンボジアの一般国民であると考えられる．さらに言えば，メコン川の水力発電ダム開発では，その利益の大部分が資本元である中国や日本などに吸収され，淡水魚を中心とした自然の恵みを拠り所に豊かな生活を送ってきた地域の人々が大きな損害を受ける，という歪んだ構図が浮かび上がってくる．

さらに地球温暖化の影響も無視できない．地球温暖化による水温の上昇は，それだけでは淡水魚類多様性に正にも負にもさまざまな影響を与えることが予想されるが，ダムの影響とは明らかに負の相乗効果を持っている．なぜなら水温上昇により，魚類はより低い水温の生息地，すなわち，上流に移動する必要が生じるからだ．しかし断片化した流域（図 2.30）の中ではその移動も狭い範囲に制限されてしまう．**図 2.33** は，これらの条件もシミュレーションに含めて計算し，水力発電ダムと温暖化の両方により発生する負の相乗効果の程度を示したものである．相乗効果は発電量が大きくなるほど，そして温暖化の程度が激しくなるほど，高くなる．

なお，以上の解析は α 多様性だけ考慮しており，今後は，β 多様性や資源量についても予想する必要があるだろう．特に資源量の観

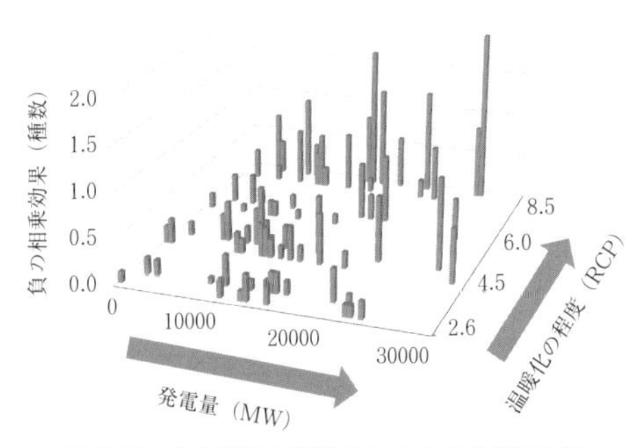

図 2.33　水力発電と温暖化による負の相乗効果

インドビルマ全域において，水力発電と温暖化によって生じる負の影響について相乗効果だけを抽出したもの．（Kano *et al*. 2016a，Fig.7 を改変）

点では，ダムの影響はかなり深刻なものであると予想している．

参考文献

Allen DJ, Smith KG, Darwall WRT (2012) *The status and distribution of freshwater biodiversity in Indo-Burma*. IUCN

Annandale N (1918) Fish and fisheries of the Inle Lake. *Records of the Indian Museum* **14**: 33-64

Azmir I, Samat A (2010) Diversity and distribution of stream fishes of Pulau Langkawi, Malaysia. *Sains Malaysiana* **39**: 869-875

Balshine-Earn S, Earn DJD (1998) On the evolutionary pathway of parental care in mouth-brooding cichlid fishes. *Proceedings of the Royal Society B* **265**: 2217-2223

Baran E, Jantunen T, Kieok CC (2008) *Value of inland fisheries in the Mekong River Basin*. WorldFish Center

Campbell IC, Poole C, Giesen W, *et al.* (2006) Species diversity and ecology of Tonle Sap Great Lake, Cambodia. *Aquatic Sciences* **68**: 355-373

Connell JH (1978). Diversity in tropical rain forests and coral reefs. *Science* **199**: 1302-1310

Davies J, Sebastian AC, Chan S (2004) *A wetland inventory for Myanmar*. Ministry of the Environment, Japan

Dudgeon D (2007) Going with the flow: global warming and the challenge of sustaining river ecosystems in monsoonal Asia. *Water Science and Technology: Water Supply* **7**: 69-80

Dudgeon D, Arthington AH, Gessner MO, *et al.* (2005) Freshwater biodiversity: importance, threats, status and conservation challenges. *Biological Reviews* **81**: 163-182

Dugan PJ, Barlow C, Agostinho AA, *et al.* (2010) Fish migration, dams, and loss of ecosystem services in the Mekong Basin. *Ambio* **39**:

344-348

Fitzherbert EB, Struebig MJ, Morel A, *et al.* (2008) How will oil palm expansion affect biodiversity? *Trends in Ecology & Evolution* **23**: 538-545

細谷和海（編）(2015)『日本の淡水魚（改訂版）(山溪ハンディ図鑑 15)』山と溪谷社

市川昌広 (2003) サラワク州イバン村落の世帯にみられる生業選択. *TROPICS* **12**: 201-219

Inger RF, Kong CH (2002) *The fresh-water fishes of North Borneo.* Natural History Publications

岩永青史・穴倉菜津子・御田成顕ほか (2015) 泥炭湿地における初期段階のアブラヤシ農園開発が地域住民の生計戦略および土地保有への意識に与えた影響：インドネシア・中央カリマンタン州カプアス県の事例. 林業経済研究 **61**：75-85

Jutagate T, Krudpan C, Ngamsnnae P, *et al.* (2003) Fisheries in the Mun River: A one-year trial of opening the sluice gates of the Pak Mun Dam, Thailand. *Kasetsart Journal* **37**: 101-116

可児藤吉 (1944)『渓流性昆虫の生態』研究社

Kano Y, Dudgeon D, Nam S, Samejima H, *et al.* (2016a) Impacts of dams and global warming on fish biodiversity in the Indo-Burma hotspot. *PLoS ONE* **11**: e0160151

Kano Y, Miyazaki Y, Tomiyama Y, *et al.* (2013) Linking mesohabitat selection and ecological traits of a fish assemblage in a small tropical stream (Tinggi River, Pahang Basin) of the Malay Peninsula. *Zoological Science* **30**: 185-191

Kano Y, Musikasinthorn P, Iwata A, *et al.* (2016b) A dataset of fishes in and around Inle Lake, an ancient lake of Myanmar, with DNA barcoding, photo images and CT/3D models. *Biodiversity Data Journal* **4**: e10539

鹿野雄一・中島 淳 (2014) 小-中型淡水魚における非殺傷的かつ簡易な魚体

撮影法．魚類学雑誌 **61**: 123-125
Kennard MJ, Arthington AH, Pusey BJ, *et al.* (2004) Are alien fish a reliable indicator of river health? *Freshwater Biology* **50**: 174-193
Lamberts D (2006) The Tonle Sap Lake as a productive ecosystem. *Water Resources Management* **22**: 481-495
Lim P, Lek S, Touch ST, *et al.* (1999) Diversity and spatial distribution of freshwater fish in Great Lake and Tonle Sap river (Cambodia, Southeast Asia). *Aquatic Living Resources* **12**: 379-386
馬渕浩司・瀬能 宏・武島弘彦ほか (2010) 琵琶湖におけるコイの日本在来 mtDNA ハプロタイプの分布．魚類学雑誌 **57**：1-12
Mekong River Commission (2002) *Fish migrations of the lower Mekong River Basin: implications for development, planning and environmental management: MRC Technical Paper* No. 8. Mekong River Commission
Mekong River Commission (2009) *Hydropower Project Database.* Mekong River Commission
Motomura H, Mukai T (2006) *Tonlesapia tsukawakii*, a new genus and species of freshwater dragonet (Perciformes: Callionymidae) from Lake Tonle Sap, Cambodia. *Ichthyological Exploration of Freshwaters* **17**: 43-52
Motomura H, Sabaj MH (2001) A new subspecies, *Polynemus melanochir dulcis*, from Tonle Sap Lake, Cambodia, and redescription of *P. m. melanochir* Valenciennes in Cuvier and Valenciennes, 1831 with designation of a neotype. *Ichthyological Research* **49**: 181-190
本村裕之・塚脇真二 (2007) 東南アジア最大の淡水湖～カンボジア・トンレサップ湖～における魚類の多様性と特異性．鹿児島大学総合研究博物館ニュースレター **14**: 8-13
長尾自然環境財団 (2011) メコン-チャオプラヤ河流域における二次的自然環境の保全とワイズユース，平成 18-22 年度 調査研究事業報告書．長

尾自然環境財団
Nelson JS, Grande TC, Wilson MVH (2016) *Fishes of the world* 5th *edition*. John Wiley & Sons
Obidzinski K, Andriani R, Komarudin H, *et al*. (2012) Environmental and social impacts of oil palm plantations and their implications for biofuel production in Indonesia. *Ecology & Society* **17**: 25
Parenti L (2005) Fishes of the Rajang Basin, Sarawak, Malaysia. *The Raffles Bulletin of Zoology* **Supplement 13**: 175–208
Posa MRC, Wijedasa LS, Corlett RT (2011) Biodiversity and conservation of tropical peat swamp forest. *Bioscience* **61**: 49–57
Pouyaud L, Sudarto T, Teugels G (2003) The different colour varieties of the Asian Arowana *Scleropages formosus* (Osteoglossidae) are distinct species: Morphologic and genetic evidences. *Cybium* **27**: 287–305
Roberts, TR (2009) Fish scenes, symbolism and kingship in the bas-reliefs of Angkor Wat and the Bayon. *Natural history bulletin of the Siam Society* **50**: 135–193
Roberts TR (2012) *Scleropages inscriptus*, a new fish species from the Tananthayi or Tenasserim River basin, Malay Peninsula of Myanmar (Osteoglossidae: Osteoglossiformes). *aqua*, *International Journal of Ichthyology* **18**: 113–118
Su M, Jassby A (2000) Inle: a large Myanmar lake in transition. Lakes and Reservoirs: *Research and Management* **5**: 49–54
高橋佳孝 (2009) 種の保存と景観保全—阿蘇草原の維持・再生の取り組み—. ランドスケープ研究 **72**: 394–398
Tang PY, Sivananthan J, Pillay SO, *et al*. (2004) Genetic structure and biogeography of Asian Arowana (*Scleropages formosus*) determined by microsatellite and mitochondrial DNA analysis. *Asian Fisheries Science* **17**: 81–92
塚脇真二・荒木裕二・石川俊之ほか (2010) トンレサップ湖の自然. クロ

マートラベルガイドブック **14**: 23–26

Yule CM (2010) Loss of biodiversity and ecosystem functioning in Indo-Malaysian peat swamp forests. *Biodiversity and Conservation* **19**: 393–409

Ziv G, Baran E, Nam S, *et al*. (2012) Trading-off fish biodiversity, food security, and hydropower in the Mekong River Basin. *PNAS* **109**: 5609–5614

3

東アジアの現場から

熱帯のような爆発的な多様性はないものの，東アジアにも世界的に独特の淡水魚類多様性が広がっている．色合いの地味なコイ科やドジョウ科を中心とするその侘び寂びにも通じる魅力は，カラフルな熱帯の淡水魚のそれとはまた別の味わいがある．筆者らは，開発の激しい中国の太湖流域で生態調査を行った．また，日本では，佐渡ヶ島，南西諸島，白神山地などにおいて，さまざまな視点から淡水魚類の生態研究を行った．

3.1 中国太湖流域，チャオシー川

中国の大都市上海のすぐ西には，太湖という琵琶湖の3倍ほどの面積を誇る湖がある．太湖は，上海の人々の生活や経済を支える重要な湖でもある．この太湖に流入するチャオシー川の流域は，中国の経済発展に伴い現在激しく開発されている．筆者らがチャオシー川で調査を行った結果，船舶の往来が淡水魚類に負の影響を与えていた．チャオシー川は激しく開発される環境がある一方で，開発の

影響を逃れている貴重な環境も一部残っており，そこにはタナゴ類をはじめとする豊かな魚類相が広がっている．

チャオシー川の魚たち

チャオシー川は上海の 100 km ほど西にあり，中国の浙江省に属する．浙江省やその周辺は，三国志の時代に呉の水軍が活躍した地域でもあり，いかにも水生生物多様性が高そうな湿潤景観となっている．チャオシー川は，日本の筑後川と同じくらいの河川規模である．大陸の河川としては決して大きくはなくコンパクトにまとまっており，ほぼ流れのない下流から水の勢いよく流れる上流の渓谷までひととおり，2 週間ほどで 1 回の調査を完了することができる．

筆者らのチャオシー川の調査では，合計で 19 科 77 種の淡水魚類を確認することができた（**図 3.1**）．そのうち 3 種は外来魚であったがごくまれに捕れる程度で，大きな問題になるほどではなかった．チャオシー川も氾濫原的要素が強く，また大陸であるため，外来魚の侵入に対しては頑健であると考えられる（2.4 節）．ただし著しく汚染されたとある支流では外来魚であるカダヤシだけが大量発生しており，これは半島マレーシアと同じような状況であった（図 2.11b）．

種としては圧倒的にコイ科が多く（45 種），ついでドジョウ科（5 種）とハゼ科（5 種）となった．コイ科の中でもタナゴ類の多様性は特筆すべきものがある（**図 3.2**）．タナゴ類は淡水二枚貝に産卵する．一対一とはいかないまでも，タナゴの種ごとに産卵母貝への強い選好性があるため，二枚貝の多様性も高いものと思われる．筆者らの調査ではチャオシー川の中下流域において合計で 10 種のタナゴを確認したが，1 地点で 9 種を同時に確認したこともあった．この 9 種が同時に捕れた調査地では，水深や岸際からの距離などに

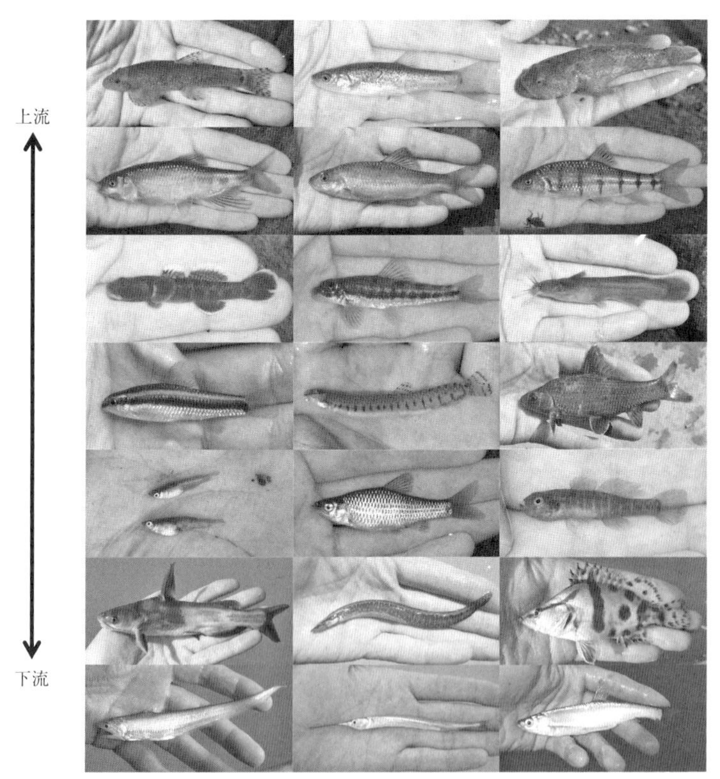

図 3.1　チャオシー川の魚たち
詳細は Nakajima *et al*. (2013)（オープンアクセス）を参照.

よって少しずつ取れるタナゴの種類が違っていたため，かなり細かい局所的な空間スケールで生息場所の棲み分け（2.2 節）や産卵母貝の選択が行われていると推察された.

船舶の往来と魚類多様性

現代の日本では，ほとんどその役割は意識されることはなくなっ

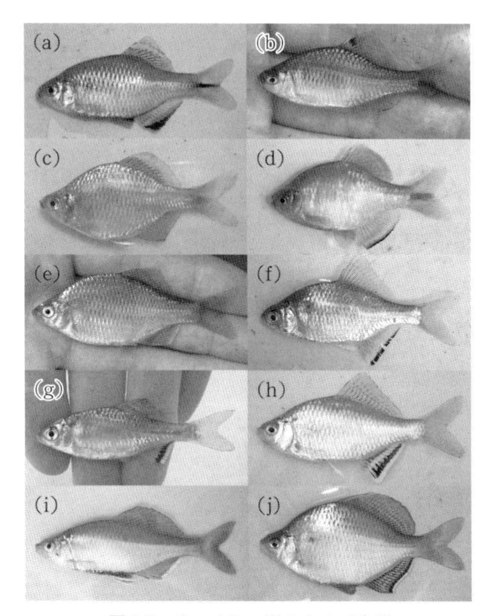

図 3.2　チャオシー川のタナゴ全種

(a) *Tanakia chii*, (b) *Rhodeus fangi*, (c) *Rhodeus ocellatus*, (d) *Rhodeus sinensis*, (e) *Acheilognathus barbatulus*, (f) *Acheilognathus chankaensis*, (g) *Acheilognathus gracilis*, (h) *Acheilognathus tonkinensis*, (i) *Acheilognathus imberbis*, (j) *Acheilognathus macropterus*.

たが，中国において河川や大型水路は重要な交通網である．特にチャオシー川の中下流域は，その要素が強い．大型の貨物船がひっきりなしに往来し，筆者らの乗った小型ボートなどはちょっとした接触事故でも起きようものなら，すぐにでも転覆してしまいそうな勢いである（**図 3.3**）．このような船舶の往来が魚に影響を与えないはずがない．

図 3.4 a は船舶の往来の頻度と川の水の濁度の関係である．多い場合は 1 時間の定点観測で 80 台の船舶が往来し，水は著しく濁っていた．測定のために水を汲むと，汲んだその場から容器にシルト

図 3.3　チャオシー川を往来する船舶

(a) ズタ袋をいっぱいに積み上げて運ぶ船舶．(b) 空荷で上流に向かう船．船全体が浮いている．(c) 土砂をぎりぎりまで積んで下流に向かう (b) と同じ型の船舶．水面下に沈んだ船体（点線部）により，水中では大きな撹乱が起きている．(d) 船舶航行のため，急激に河川拡幅と護岸化が進む．地元の漁師の未来は決して明るくはない．

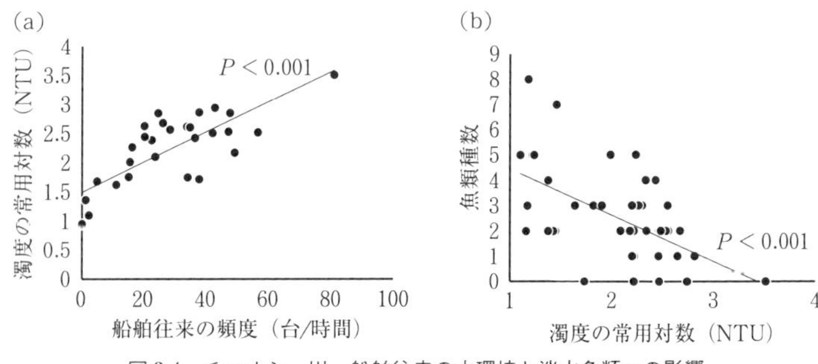

図 3.4　チャオシー川，船舶往来の水環境と淡水魚類への影響

(a) 往来頻度と濁度の関係，(b) 濁度と魚類種数の関係．（Kano *et al*. 2013, Fig.4 を改変）

の沈殿が始まるほどである．たいていの魚では，このように水中の懸濁物質の濃度が著しく高いと鰓呼吸に支障をきたす．そのため，コイなど一部高濁度に強い種を除いては生残が困難になる．また，船によって水が激しく撹乱されている場所では，魚はその場に定位することができず，正常に生育できないと考えられる．このように高頻度の船舶往来は，間接的にも直接的にも魚類に影響を与える（図 3.4b）．特にタナゴ類（図 3.2）など小型の魚種は，船舶による撹乱に弱いようであった．

船舶往来の激しい場所は波により川岸が崩れるため，コンクリートによって護岸がされる場合が多い（図 3.3 d）．小魚や稚魚の生育場となる自然の岸際は，護岸化されて構造的な複雑性を失うと，一気に生育場としての機能を失ってしまう．このように，船舶の往来は二重にも三重にもそこに生息する魚類に悪影響を与える．

中国のアユモドキとその生態

アユモドキは，現在は京都府と岡山県のごく一部にのみ分布する淡水魚である．日本の淡水魚の中でも，もっとも絶滅に近い種であると言っていいだろう．その主たる原因は，繁殖場としての氾濫原環境の縮小にあると考えられている．アユモドキの名は，アユに似ているがそうではない魚の意味で，ドジョウの仲間でありながら扁平で体高があり，確かにアユに似た形をしている．かつてはこのアユモドキを用いてアユの友釣りをしていた時代もあったように，本来は，そこらへんでちょいと投網でもふれば普通に捕れる魚であった．

中国のチャオシー川には，その近縁種であるチャンギアユモドキ（*Leptobotia tchangi*）が分布する（**図 3.5** a）．チャオシー川の中でも瀬淵構造のある中流域に限定して分布する．日本のアユモドキ

図 3.5　チャオシー川のチャンギアユモドキと生息環境

(a) チャンギアユモドキと (b) その生息環境．白で囲んだ瀬にチャンギアユモドキは分布する．

とは色彩パターンが異なるが，全体の姿形はよく似ている．数あるチャオシー川の魚類の中でもこのチャンギアユモドキは，日本のアユモドキの状況を考えると，比較する上でぜひ注目したい種であろう．日本のアユモドキは生息量や分布域が極端に少ないため生態学的な研究はほぼ不可能であるが，チャンギアユモドキなら十分に生態研究は可能だ．また，チャンギアユモドキの生態を知ることで，日本のアユモドキの保全に役立つこともあるかもしれない．そこで筆者らは，チャオシー川のチャンギアユモドキについて，河川内の局所分布に注目して調査を行った．

図 3.6 は，チャンギアユモドキと河川の局所環境との関係である．チャンギアユモドキは上述のように瀬淵構造のある中流域に生息するが，同一の景観内でも流れの早い瀬に偏って分布する（図 3.5b）．たとえば水が勢いよく流れる瀬にはたくさんいたとしても，数メートル横にある水の止まった淵にはまったくいない．瀬の中

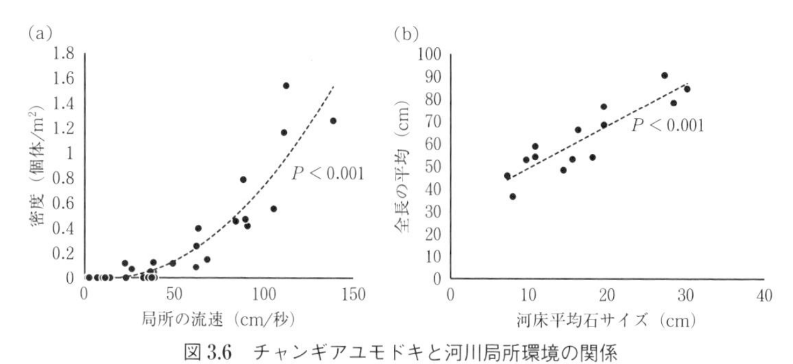

図 3.6　チャンギアユモドキと河川局所環境の関係

(a) 局所の流速と密度の関係，(b) 河床の平均石サイズと個体の平均全長の関係.
(Huang *et al*. 2014, Fig.4 を改変)

でも，100 cm/秒を超えるような特に激しい流れを好むようである．そしてもう 1 つ興味深いのは，河床の石サイズがチャンギアユモドキの大きさと関連していることである．大きい石のある場所ほど大きいサイズの個体がいる．おそらく，チャンギアユモドキは石と石の隙間に棲んでおり，小さい石による小さい隙間には小さい個体が，大きい石による大きい隙間には大きい個体が隠れ棲んでいる，という次第であろう．瀬淵構造だけではなく，石サイズの大きさの多様性も本種の生活史において重要である．

日本のアユモドキも石と石の隙間に生息することがわかっている．ただしそれは，半人工的な環境である「石垣」の隙間である．石垣がない昔には，チャンギアユモドキと同様，早い瀬にある石の隙間に生息していたのではないかと筆者は推測している．現在，日本のアユモドキを制限している主要な要因は繁殖場所となる氾濫原やその代替環境（河川と連続性のある水田）の縮小である．もし今後そのような制限要因が改善されてアユモドキが増えた場合，チャンギアユモドキと同様の生態を持っていると仮定して，個体の生育場となる「瀬」環境の保全も視野に入れていいかもしれない．特に中流環境は，取水堰(しゅすいぜき)によって落差が垂直に解消されると瀬淵構造が喪失して平坦な環境になりがちである．チャオシー川でも堰が連続して平坦化しているような中流にはチャンギアユモドキは生息していなかった．熱帯（2.2 節）にかぎらず瀬淵構造は，淡水魚類多様性を支える重要な要素となっている．

3.2 佐渡ヶ島

佐渡ヶ島ではトキの放鳥にともない，自然再生や環境保全の試みが実施された．筆者らはトキの餌であるドジョウなどの淡水魚について調査を行った．佐渡ヶ島に現在生息するドジョウは日本各地から移入されたものであることが判明した．ドジョウの分布は，水田のさまざまな環境要因，たとえば水路の状態などに大きく依存していた．また，佐渡ヶ島を取り巻く小河川において取水堰が通し回遊魚に大きな影響を与えていることが判明した．

佐渡ヶ島のドジョウ類はどこから来たのか？

佐渡ヶ島は，本州など主要 4 島を除き，択捉島，国後島，沖縄島についで日本で 4 番目に大きい島である．しかし北方地域や南西諸島とは違い，島嶼群を形成せずに日本海にぽっかりと浮かぶ孤高の島であることが特徴的であろう．佐渡ヶ島と本州の間には浅くとも深さ 200 m ほどの海峡がある．そのため氷河期に海水面が今より 100 m 下がっていた時代も，本州とは陸地で繋がっていない．佐渡ヶ島自体は数百万年ほど前に日本海に独立に隆起してできたと考えられるため，本来純淡水魚は生息せず，通し回遊魚やそれに伴う陸封魚（1.1 節）などが幅を利かせていたと考えられる．しかし現在，佐渡ヶ島には多種の純淡水魚が分布する．彼らはいったい，いつどこから来たのであろうか．

純淡水魚の中でもドジョウ類（*Misgurnus* spp.）は特にトキの好物であり，餌となるドジョウ類の保全のためにもその起源を明確にしておく必要があるだろう．1.1 節でも述べたように，現在日本のドジョウ類は複数種に分かれるとされる（図 1.1）．佐渡ヶ島には，ドジョウ，キタドジョウ，中国系ドジョウの 3 系統が分布する（**図 3.7**）．ドジョウは国仲平野を中心に幅広く，キタドジョウは大佐渡の北部と小佐渡に，中国系ドジョウは小佐渡に点在して分布する．遺伝子で詳細に見ても，北海道，本州，九州などのドジョウ類の遺伝子と合致する場合が多く，日本広域におけるドジョウ類の分布を考慮すると，さまざまな地域からこれらドジョウ類が持ち込まれたようである．古くは，佐渡に流刑された順徳天皇（1197–1242）が「泥鰌汁（どじょうじる）」を食べたとの記録も残っている．佐渡ヶ島には古いものは縄文時代前期の人類の痕跡があり，平安時代以前になんらかのドジョウ類が持ち込まれて，人々のタンパク源になっていたと考えられる．佐渡ヶ島は島とはいえ大きな島であるため，内陸部は海から遠く，ドジョウ類のような栄養のあるタンパク源は当時重宝され

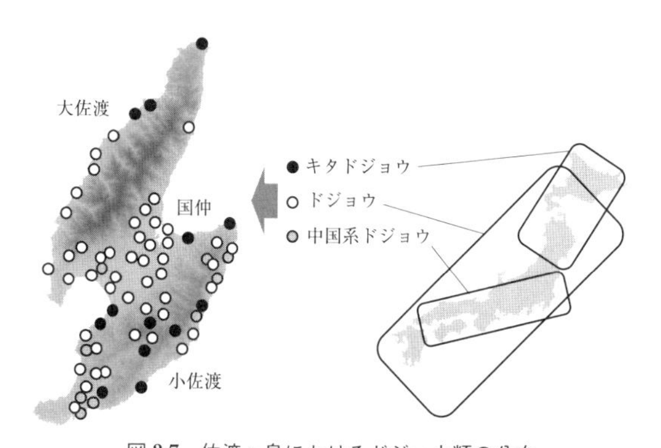

図 3.7　佐渡ヶ島におけるドジョウ類の分布
日本広域の分布はおおよその範囲を示す．（Kano *et al*. 2011, Fig.1 を改変）

たと考えられる．佐渡ヶ島では現在でも，土用丑の日には，ニホンウナギではなくドジョウ類を食べる文化が残っているほどである．さらに佐渡ヶ島はかつて江戸時代，北前船と呼ばれる交易船によって北海道，東北，大阪を往来する中核地点として栄えたところでもある．ドジョウ類は，おそらくこの時代にも日本各地から持ち込まれたのではないだろうか．ドジョウ類は，湿った土の中でも生残できる丈夫な魚であり（Box 9），長時間の航路でも容易に持ち運べたと考えられる．

ドジョウの他にもフナ類，コイ，ナマズ，キタノメダカ，モツゴ，タモロコなどの純淡水魚が佐渡ヶ島には分布する．これらの純淡水魚は佐渡ヶ島の中部の国仲平野におもに分布するが，6000 年ほど昔，今より 5 m ほど海水面が高かった縄文海進の時代には平野の大部分が海に沈んでいたと考えられる．このような歴史を考えると，これらの純淡水魚はいずれも縄文時代以降，農耕文化の発展とともに本土から持ち込まれたものと一般には考えられている．

佐渡ヶ島のドジョウ類やその他の純淡水魚は，厳密な佐渡ヶ島の自然史から見ると「外来魚」であろう．とはいえおそらく，オオクチバスやブルーギルと同列に並べて，駆除すべき対象となるようなものではない．たとえばドジョウ類については上記のように少なくとも平安時代からの歴史がある上，地域の人々や文化とも繋がりがあり，それらは十分に尊重されるべきであろう（Box 10）．そもそも放鳥されたトキ自体が，日本の生き残りではなく中国から譲り受けた移入の養殖物である．佐渡ヶ島を舞台としたトキ放鳥の動きは，外来種・移入種の問題を考える上で，賛否をさておき，人と生物の関わり方についていくつかの問題を提起している．

Box 9 ドジョウは土生

ドジョウは漢字で「泥鰌」と書くが，語源としては土に生きるという意味の「土生」から来ているという説もある．そして文字通り，土に生きることができる．ドジョウが好む浅い湿地や氾濫原は，変動しやすい環境であるため，水が干上がってしまうことも多い．そんな場合，普通の魚ならは生き残ることはできないが，ドジョウは土の中にもぐってやり過ごし，再び水が張るのを待つことができる．昔の農家はドジョウのこの生態をよく知っていて，水の抜けた田面の土を掘ってドジョウを捕っていたらしい．日本の淡水魚でこのような能力を持つ種は他にいないが，世界的に見ると，一部のライギョ類（図 1.11）や肺魚の仲間（オーストラリアやアフリカに分布）なども土の中でしばらく生きることができる．

図　ドジョウ
湿った土の中で水がたまるのを待つドジョウ．

水田環境とドジョウの関係

水田は，水辺の生き物にとっては氾濫原や湿地の代替環境としての機能があり，ドジョウ類にとっても重要な生息場である．各水田がどのような環境を有しているのかによって，ドジョウ類は大きく影響を受ける．そこで，具体的にどのような要因がどう影響するのか，筆者らは佐渡ヶ島の185地点の水田地帯で，ドジョウ類の有無と水田環境について調査を行った．その結果，「土水路の存在」，「水田地帯の広さ」，「排水路との連続性」がドジョウ類の生息に対して正の影響を与えていた（**図 3.8**）．特に土水路の存在は，解析上，もっとも重要な生息条件として選択された．土水路はドジョウ類の隠れ家になり，また餌も多いため，快適な生息場であろう．土水路はドジョウ類だけではなく，他の淡水魚や水生昆虫類など多くの水田生物にとっても，重要な条件となっている場合が多い．広い水田地帯では農薬の散布などの影響で局所的にドジョウ類がいなく

図 3.8　ドジョウ類に影響を与える水田の環境要因
黒矢印は正の効果，白の矢印は負の効果を示す．

なっても，周りの水田からの移入で補填することができるからであろう．さらに，ドジョウ類の繁殖は田面で行われるため，排水路と水田が自由に行き来できることが重要なのであろう．一方，圃場整備に伴う「水路と田面間の段差」や「ポンプアップ灌漑」などは，ドジョウ類の生息に負に効いていた．いずれもドジョウ類が水路と田面を行来するのに支障をきたす要因であると思われる．特に産卵期においてドジョウ類は田面に移動して産卵する．田面は水温も高く浅いため，稚魚の成育に適していると考えられる．したがって段差やポンプアップ灌漑など，田面への移動障害は大きな影響をもたらすと考えられる．このように圃場整備は人間にとっては水田管理を向上させるが，ドジョウ類にとっては棲家がなかったり，自由に移動できなかったりと，総じて息苦しい環境になってしまうと思われる．なお田面で産卵する魚は意外に多く，ドジョウ類の他にも，フナ類，ナマズ，アユモドキ（3.1節），スジシマドジョウ類などが繁殖場の1つとして田面を利用することがある．

こうしたドジョウ類の分布と土地利用や水田構造物の関係の現場研究に基づいて，俯瞰的に佐渡ヶ島全体を見下ろし，将来のシナリオを検討してみたのが**図 3.9** である．現在，ドジョウ類は国仲平野全域と大佐渡・小佐渡地方の一部で計算上分布する確率が 50% を超えている．しかし，もし，佐渡ヶ島の水田がすべて圃場整備されたと仮定すると，多くの地域でドジョウ類の分布確率は低下し，50% を超えるのは国仲平野の中心部だけとなる．逆に，すべての水田に魚道なりを設置して排水路との連続性を確保したとしよう．こうなるとほとんどの地域で分布確率は 50% を超え，トキは佐渡のどの水田にいってもおおかたドジョウ類を得ることができる．

これらのシナリオは極端な仮定をしているため必ずしも現実的ではないが，それでもドジョウ類の保全には2つの方向性が見えてく

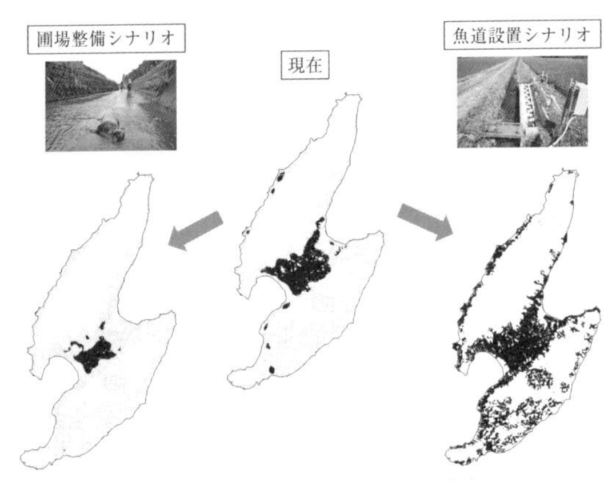

図 3.9　佐渡ヶ島のドジョウ類の未来

黒はドジョウ類の分布確率が 50% を超える水田，薄い灰色は 50% 以下の水田を示す．(Kano *et al*. 2010, Fig.5 を改変)

る．1 つはこれ以上極端な圃場整備をしないこと，もう 1 つはたとえば簡易魚道の設置など水路と田面の連続性を確保すること，である．いずれも農家にとっては負担になるため難しい面はあるが，たとえば現在経済的にも成功している「朱鷺踏んじゃった米」などの付加価値米が，1 つのヒントになるのではないだろうか．

小河川の取水堰が通し回遊魚に与える影響

佐渡ヶ島は国仲平野を中心に水田地帯が広がり，そこにはドジョウ類・コイ・フナ類などの純淡水魚が生息するが，大佐渡と小佐渡は山地となっており小河川が多数海へ注いでいる．そこにはヨシノボリ類，カジカ類，アユなど数多くの通し回遊魚が生息する．小河川の通し回遊魚にとってやっかいなのが落差のある取水堰（**図 3.10**）である．回遊魚は落差を超えることができないと上流に移動できず，適した繁殖場や成育場にたどりつくことができない．また

図 3.10　佐渡ヶ島の取水堰
落差 1 m ほどの取水堰．アユが堰を越えようと跳ねている．

堰下に多くの魚が集まってしまうため，無駄な種内・種間競争が起きて数を減らしてしまう．この堰について，保全生態学的な視点から考える上で，どれほどの高さの堰が各魚種に影響を与えているのかを知ることは重要であろう．幸か不幸か佐渡ヶ島の小河川には堰が多数ある．くわえてその高さには 20〜30 cm のものから 10 m を超えるものまでバリエーションがあるため，通し回遊魚の分布と下流にある堰の高さを調べれば，各種がいったいどれほどの堰の高さまで超えられるのか知ることができる．そこで筆者らは佐渡ヶ島の 35 河川 85 地点において，通し回遊魚の分布と堰の高さについて調査を行った．

図 3.11 は調査解析の結果，佐渡ヶ島の通し回遊魚各種が，どれ

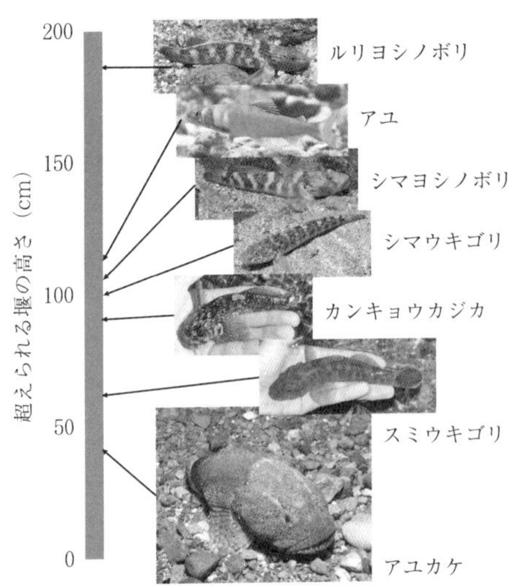

図 3.11　通し回遊魚各種が超えられる堰の高さの目安

佐渡ヶ島の主要な通し回遊魚について示す．写真はすべて佐渡ヶ島で撮影．

ほどの高さの堰まで超えられるのかを示したものである．もっとも落差に弱いのはアユカケであった．アユカケはずんぐりとした底生魚でありいかにも遡上力に欠けそうな体型であるが，事実，50 cm を超える落差を遡上することは困難なようだ．アユカケは地域によっては絶滅危惧種にもなっているが，その原因の 1 つはこの遡上能力の低さによるものと考えられる．一方，アユやシマヨシノボリは 100 cm の堰でも超えることができるようだ．アユは遊泳力に優れるため，勢いをつけてジャンプして超えることができるのだろう(図 3.10)．またシマヨシノボリなどヨシノボリ類は，腹鰭（はらびれ）が吸盤になっているため，堰の濡れた壁に張り付いて超えることができる．ルリヨシノボリはさらに高く，150 cm を超えるような高い堰も超えることができる．シマヨシノボリとルリヨシノボリを手にとってみればよくわかるが，ルリヨシノボリはより強い吸着力のある吸盤を持っているためだ．佐渡ヶ島にはいないが，ヒラヨシノボリやオオヨシノボリも手のひらに乗せるとその強い吸着力がよくわかる．これら2種も高い滝や堰の上に分布する場合が多い．

取水堰は，農地に水を配る重要な役割を果たしているため，通し回遊魚のためにそれを撤去することは簡単にはできない．しかし魚道の設置，可動堰や古来の工法による石積みの斜めの堰への変更，使用していない堰の撤去など，現実的な選択肢はかなり多い．トキを中心とした佐渡ヶ島の自然再生は，野生のトキが大幅に増えるなど着実に進んではいるが，対象となる生物種や環境はいまだ限定的である．今後は，さらに広範囲に自然再生を進展させるとともに，大佐渡小佐渡の小河川環境や通し回遊魚にも光が当たればと期待している．

3.3 南西諸島・奄美琉球地域

奄美大島や西表島を抱える南西諸島は生物多様性や自然の宝庫として，生態学や生物分類学を学んだ者なら，そして旅好きの者にとっても，一度は憧れる地域であろう．観光旅行のチラシを見ればたしかに南西諸島は，自然豊かなユートピアのようには見える．しかし陸水生態系の視点から現場を知れば，環境が激しく改変されてしまったディストピアであった．特に，かつて南西諸島に広がっていた水田環境は，乾燥したサトウキビ畑へと置き換わり，壊滅状態となっていた．水田環境は湿地性淡水魚の代替生息場所でもあるため，ドジョウやメダカなど在来の淡水魚ももはや風前の灯火である．一方で，コンクリートで固められた水路やため池には，ティラピア類やグッピーなど，人工環境に強い外来魚が我が物顔で生息していた．

南西諸島の原風景はサトウキビ畑ではない

有名な反戦歌でも歌われるように，南西諸島，特に琉球地方は，サトウキビ畑のイメージが強い．しかし本来，南西諸島においてサトウキビ栽培は一般的ではなかった．かつて多くの島において基本的な景観は水田であった．日本における稲作のルーツはいまだ不明だが，1つの説として琉球弧に沿って南から北へ伝播したと考えられるように，南西諸島は本来，水田や稲作とゆかりの深い地域である．戦前戦後までにかけては深田（ふかだ）と呼ばれる，入れば首まで沈むような深い水田があちこちに広がっていた．深田ではドジョウ類，ニホンウナギ，フナ類などがよく捕れたため，地域の人々はいわば水田漁撈（ぎょろう）（1.3 節）としてこれらの魚を利用していた．しかし現在，南西諸島において水田はほとんど残されていない（**図 3.12**）．島面積に対して比較的広い範囲で水田が残っているのは，種子島，伊平屋島，伊是名島，渡嘉敷島，石垣島，西表島，与那国島のみである．くわえてこれらの島では現在，激しい圃場整備が進んでおり，水路は次々とコンクリートと化して魚にとってはかなり生息しづらい環境になっている（3.2 節）．

水田は湿地や氾濫原の代替環境であり，淡水魚の重要な生息場である（1.3 節）．そのため水田がなくなれば多くの氾濫原性の淡水魚もいなくなる．特に純淡水魚は，通し回遊魚と違い一度絶滅したら他からの移入がないため二度と復活することはない．また南西諸島に分布する在来純淡水魚（フナ類，ドジョウ類，ミナミメダカ，タウナギ）と在来性不明なタイワンキンギョ（Box 10）はすべて氾濫原環境に適応した種である．このような事情から，これら 5 種は，南西諸島の多くの島ですでに絶滅した可能性が高い．図 3.12 は筆者らが 5 年にかけて南西諸島を調査した結果，どの島でどのような絶滅が起きたのかを示した図である．半分近くの島で何らかの絶滅

図 3.12　南西諸島における稲作水田の状況と純淡水魚の絶滅

タウナギについては状況の把握が困難であったため示さない．また，未調査の島も数多く残っている．

が起きている．中でもミナミメダカは残っている個体群が少ない上，放流されてしまった鑑賞メダカとの交雑のリスクもあり，危険な状況である．

外来魚天国

少なくとも筆者のこれまでの経験上，外来魚は，歴史的に外部からの種間競争の淘汰圧を受けてこなかった閉鎖的な生態系（2.4 節）や人工的に改変された環境に侵入しやすいように思われる（2.2 節）．実際に世界各地の島嶼や人工的な環境で，外来生物の侵入と増殖が多く報告されている．そして南西諸島は島嶼の上，人工的な水環境が多く，そのためか多種多様な外来魚がすでに棲みついている（**図 3.13**）．コンクリートで固められたため池にはティラピア類

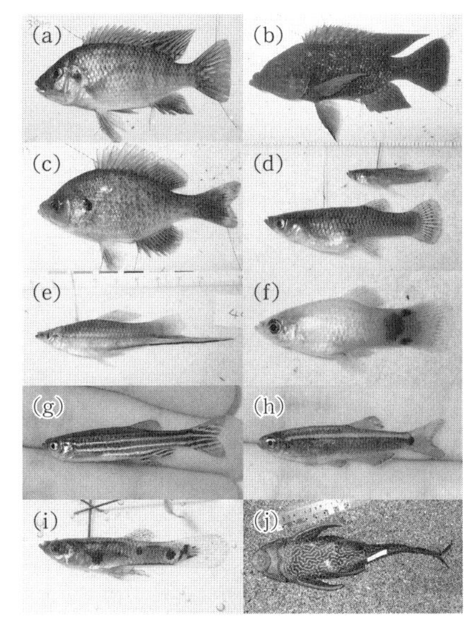

図 3.13　南西諸島の外来魚

(a) ジルティラピア，(b) モザンピークティラピア，(c) ブルーギル，(d) カダヤシ，(e) ソードテール，(f) サザンプラティフィッシュ，(g) ゼブラダニ，(h) アカヒレ，(i) グッピー，(j) マダラロリカリア（プレコの一種）．

が，キビ畑の水路にはグッピーが，都市部の富栄養化した河川にはプレコが，ちょっとした湿地にはカダヤシが，山間の小川にはアカヒレやソードテールが……といった調子で，南西諸島の水場はほぼすべて外来魚の生息場となっていると言っても過言ではない．

ティラピア類は戦前戦後あたりに食料として各島に移入されたようであるが，現在では見向きもされず，一部の住民がゲームフィッシングの対象としている程度である．また，カダヤシ（蚊絶やし）は，マラリアの媒介となる蚊を駆除する目的として導入されたが，実際に効果があったかどうかはかなり疑わしい．オオクチバスやブルーギルなどもゲームフィッシングの目的で導入され，沖縄島や久米島の一部のダムなどで生息している．北アメリカ原産で比較的寒い地域に適応しているこれら2種が，暑い沖縄でも定着できたことには驚きである．その他のグッピー，ソードテール，プラティ，ゼブラダニオ，アカヒレ，プレコなどは飼育されていた観賞魚が放流されて定着したようである．

上記の国外外来魚とは別に，国内からの移入種もいる．オイカワ，モツゴ，ゲンゴロウブナ，在来ではないメダカやフナ類などが一部の島に定着しているようだ．なおコイとタイワンキンギョについては在来性が疑わしく，おそらく移入と考えられる．コイは食欲旺盛であり，他の水生動物や水草を激しく食べて生息する水環境まで大きく変えてしまうため，「侵略的」な要素が強い．一方，タイワンキンギョにはそのような性質はない (Box 10).

Box 10 闘う魚

闘犬，闘鶏などがあるように闘魚もある．闘魚は特にタイでさかんで，ベタ・スプレンデンス (*Betta splendens*) を品種改良したものを用いて行われることが多い．特に繁殖期のオス同士は鰭がぼろぼろになるまで激しくケンカをする．このベタ類やそれに近い仲間は全体として同じような生態を持っており，魚を闘わせる行為「闘魚」とは別に，それらを総じて「闘魚」とも呼称する．

東アジア・東南アジアに広く分布し沖縄にも生息するタイワンキンギョも，闘魚の仲間である．現地では「トゥーイュ（闘魚）」の発音でよく親しまれている．タイワンキンギョは，他の闘魚の仲間でも一般的に見られるように，水面に浮いた「泡巣」で産卵を行う．オスが口先を器用に使って泡巣を作り，そこにメスを誘い込む．その際の陣取りとしてオス同士の争いが生じやすい．産卵の際は，オスがメスを抱え込むように巻き込んで逆さまにして，上の泡巣に向かって卵と精子を放出する．

タイワンキンギョの沖縄での在来性については，今のところ不明である．少なくとも琉球王朝の時代には生息していたという説もある．ただし筆者らによるDNA解析の結果では，台湾からの移入の可能性が高い．タイワンキンギョはいわゆる絶滅危惧種であるが，移入種となった場合，それを保全すべきかどうか，もしくは逆に駆除すべきかどうかは，なかなか難しい問題である．現在沖縄では，タイワンキンギョが他の希少種らとともに良質な湿地に生息しており，指標種として大変優れている．また，たとえばオオクチバスやブルーギルのように他種を脅かす「侵略的」な種でもない．さらに，一部の地域住民に深く愛されている．このようなことを考慮すると，少なくとも積極的に駆除すべき対象ではないだろう．

外来種の問題は価値観や哲学の問題がからみ，科学だけ問題解決するのは一筋縄ではいかないが，タイワンキンギョの保全が，生物多様性の意味を考える1つの事例になるかもしれない．

図　闘魚

(a) 繁殖期，婚姻色が出て鰭が伸長したタイワンキンギョのオス．(b) 産卵の瞬間．(c) 水面上の泡巣の中で孵化する稚魚．モリアオガエルの卵と孵化を彷彿とさせる．

微かに残る在来純淡水魚の息吹

掃き溜めに鶴とはよく言ったものだが，実際にその生息環境劣化に心を痛めながら南西諸島の淡水魚調査をしていると，まれに「鶴」に出会ってほっとすることもある（**図 3.14**）．フナ類は比較的多くの島で生残しているが，奄美琉球のフナ類は緋鮒や透明鱗などの色彩多型が高頻度で存在し，学術的に興味深い（Box 11）．ミナミメダカは一般にイメージされるような池や流れの緩い水路ではなく，水が勢いよく流れる渓流域などに生息しており，その理由が謎である．タウナギは琉球に固有の種とされ，琉球の地史を考える上で貴重な種であるが，秘匿的な生態を持つ上，ニホンウナギの琉球での地方名が「田ウナギ」であるため混乱しており，状況の把握は難しい．

これらのわずかに生き残っている在来純淡水魚は，今後どうなってしまうのであろうか．このまま放っておけば消えゆくのは目に見えている．まずは，個体群ごとに系統を飼育して，遺伝子だけでも

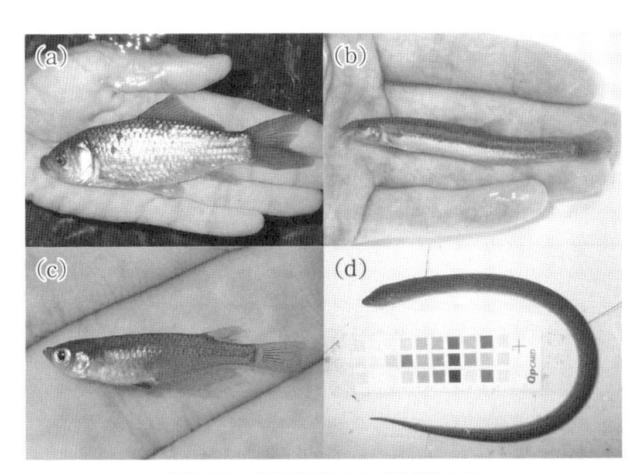

図 3.14　南西諸島の在来純淡水魚

(a) 石垣島のフナ．(b) 西表島のシノビドジョウ．(c) 渡嘉敷島産のミナミメダカ，野生絶滅したが飼育下で系統は残されている．(d) 沖縄島のタウナギ．

Box 11　魚類学はフナに始まりフナに終わる？

「釣りはフナに始まりフナに終わる」という．幼いときに近くの小川や池沼で小鮒を釣り，年を取ってからは釣りの極みであるヘラブナ釣りへ至る，というわけだ．そして，魚類学においてもやはり，「魚類学はフナに始まりフナに終わる」といっていいだろう．ただし順番は逆である．最初はゲンゴロウブナ（ヘラブナ）(*Carassius cuvieri*) のような同定の比較的簡単な種から始まるが，最後はフナ (*Carassius auratus*-complex) のようなまともに分類することがほぼ不可能な魚に手を出し始める，といった次第である．

実際「フナ」の分類は極めて難しい．そもそも「フナ」や「ギンブナ」といった単語が何を指しているのか曖昧であり，学名も安定しな

図　フナ

(a) 福岡県，典型的なギンブナ．黒い点は寄生虫．(b) 筑後川のオオキンブナと思われる個体．(c) 佐渡ヶ島のナガブナ．(d) 中国チャオシー川のフナ．(e) 南西諸島，緋色のフナ．放流された金魚ではない．(f) 南西諸島，透明鱗を持つフナ．上から順に普通個体，半透明鱗個体，全透明鱗個体．→ 口絵 7 参照．

い.「フナ」の仲間は今のところ，ギンブナ，ニゴロブナ，ナガブナ，キンブナ，オオキンブナなどに分かれるようではあるが，それぞれがどう進化し，どのような系統関係にあるのか，詳細は不明である．形態の違いも連続的であったり，同一個体群内で変異が激しかったりするため，判別も難しい．遺伝子からはこれらの型が明確に区別できない，という報告もある．また，生態的にもメスしかいない個体群が見られたり，それにともなって 3 倍体や 4 倍体が見られたり，と複雑怪奇な生態を持つ．フナはこのように種としての扱いが難しいため，一般的な種でもあるにかかわらず，生態学的な研究も分類学的な研究も蓄積が少ない．しかし最近になってこのフナの研究に本格的に挑む研究者が数名現れ始めた．筆者もいつかぜひ参入できればと思っている．

絶やさないようにする必要があるだろう．ミナミメダカなどは特に繁殖が容易であろう．その他の種も特に飼育繁殖が難しいものではないため，水族館や大学などの公共機関で系統保存されることが望まれる．このような系統保存の一方で，生息地の保全再生がより本質的である．しかしこちらは難しい．土地改良の名のもと，数少ない水田は圃場整備がどんどん進むし，外来魚は次々と入ってくる．現状を維持するだけではとても太刀打ちできない．積極的に生息地を再生・創出していくことが必要であろう．サトウキビ畑を水田に戻すくらいの大胆な方向転換が望まれる．たかが小魚のためにそんなことはできない，という意見もあろうが，このたかが小魚と南西諸島の文化・歴史・神事などは，稲作を通じて深く繋がっており，切っても切り離せない．現在，奄美琉球のいくつかの島では世界遺産登録に向けた動きが加速している．しかし正直言えば，猫も杓子も世界遺産になってしまった今，奄美琉球の世界遺産登録も，まるで「モンドセレクション」のように，商品としての「世界遺産」という名前だけが先行している印象が拭えない．名前だけではなく真の遺産として後世に残すのであれば，たかが小魚のための，景観レベルでの根本的な再生の取り組みが望まれる．壊滅状態にある南西諸島の陸水生態系，水田景観，稲作文化の保全再生こそが，世界遺産登録へ向けての隠れた最大の課題であると筆者は主張したい．

3.4 西表島と屋久島，滝と淡水魚

南西諸島の中でも西表島と屋久島は，奄美大島と並んで生物多様性の観点から注目すべき島であろう．西表島と屋久島は山岳要素の強い島であるため，河川には高い滝が散在し，それに支配された淡水魚類多様性が広がっている．なぜなら滝は通し回遊魚の上流への遡上を妨げるため，その分布に決定的な影響を与える．河川性純淡水魚のいない南西諸島において，一般に滝の上に淡水魚は分布しない．しかし西表島の複数の滝上にはキバラヨシノボリという淡水魚が生息していた．このキバラヨシノボリはかつて通し回遊魚であったクロヨシノボリが，地盤侵食によって滝が徐々に形成される過程で陸封化されたものであることがわかった．

滝と淡水魚

河川生態系において落差のある滝の存在は，ときに淡水魚の分布を決定づける重要な要因である．落差の大きい滝は多くの魚の上流への移動を妨げるため，滝の上流では下流に比べ，魚の種数や密度が低くなる傾向がある．そのため真上から見た地図上では 10 m も違わないのに，滝上と滝下ではまったく魚類相が違う，といったことも珍しくない．また滝は，一部の魚種の進化にも寄与している．たとえばボウズハゼ（図 1.2）やヨシノボリ類（図 3.11）は，普通の魚なら遡上できないような滝も，胸鰭が変容した吸盤で張り付いて遡上できる．滝上へと移動することでより競争の少ない場所で生

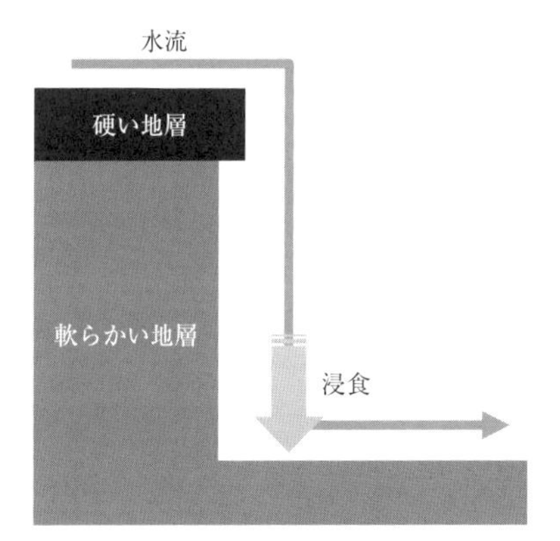

図 3.15　滝の形成過程
軟らかい地層の上に硬い地層が乗っていると滝が形成される.

活することができるよう適応進化したものと考えられる.

そもそも滝はなぜできるのであろうか. その理由は地層の硬さの異質性にある. 柔らかい地層の上に硬い地層が乗っていると, 硬い地層はゆっくりとしか侵食されないのに対して, 柔らかい地層はそれ以上の速度で侵食される（**図 3.15**）. その侵食の速度が異なるために, 少しずつ落差ができる. ちょっとした浸食速度の違いも, 年月を重ねれば落差はいよいよ広がってやがて滝となる. そのため滝の高さは, 落差が形成されはじめてからの時間を表すといっていい.

西表島の滝とキバラヨシノボリ

西表島には沖縄県でもっとも高い滝である「ピナイサーラの滝」がある（**図 3.16**）. 高さ 59 m ほどの, 垂直もしくはそれ以上の角度で切りたつ壮大な滝である. そして驚いたことに, 滝の上には魚が生息している. その魚はキバラヨシノボリである.

滝の上に魚がいる場合, 3 つの理由が考えられる. 1 つ目は魚が滝を超えたこと，2つ目は人が運んで放流したこと，3つ目は始めから魚はずっとそこに棲んでおり後に滝ができたこと，である．ピナイサーラの滝の上のキバラヨシノボリはこのうちどれに当てはまるのであろうか．1つ目の理由は滝の形状から考えるに，いくら吸盤のあるヨシノボリ類でもとても超えられる滝ではないため，排除される．2つ目の理由も，食糧にも釣りの対象にもならない小魚をこんな山奥に放流することは考えられないため，やはり却下される．残るのは3つ目の理由である．大昔，川に滝はなく，このキバラヨシノボリの祖先などいろいろな通し回遊魚が生息していた．しかし浸食が進んで滝が形成されはじめると，徐々に通し回遊魚の往来は困難になり，陸封（1.1節）されることに適応しているキバラヨシノボリの祖先だけが滝上に生息するようになった．キバラヨシノボリの祖先は，滝上で長い間他種と競合することなく進化し，今のキバラヨシノボリとなった．そのキバラヨシノボリの祖先とされるのは，クロヨシノボリである．このクロヨシノボリは通し回遊魚として西表島各河川に分布するが，落差5mを超えるような滝は遡

図3.16　ピナイサーラの滝とキバラヨシノボリ，クロヨシノボリ
落差60mの滝上にもキバラヨシノボリは分布する．クロヨシノボリはおもに各滝の下流に分布する．

上できないようで，その上流には基本的に分布しない．

キバラヨシノボリはピナイサーラの滝の上だけではなく，西表島各所の滝上に生息している．そこで筆者らは，各キバラヨシノボリ個体群について遺伝的な解析を行い，下流に広く分布するクロヨシノボリとの比較を行った．**図 3.17** は，各滝の高さと，各滝上のキバラヨシノボリとクロヨシノボリのミトコンドリア DNA（細胞小器官であるミトコンドリア内にある DNA で，メスの親からのみその情報を引き継ぐ）における遺伝的距離を示したものである．遺伝子はいわば生物の設計図であるが，その設計図が似たもの同士であれば遺伝的距離が近く，設計図が異なるほど遺伝的距離は遠くなる．そして設計図の違いの程度は，二者がどれほど長い時間にわたり遺伝子情報の交換がなく互いに隔離されていたかを示す．上述したように滝の高さは滝の歴史的時間を示すが，遺伝的距離もクロヨシノボリとキバラヨシノボリが隔離された歴史的時間を示す．そのため両者は比例する．既存の研究によるミトコンドリア DNA の変

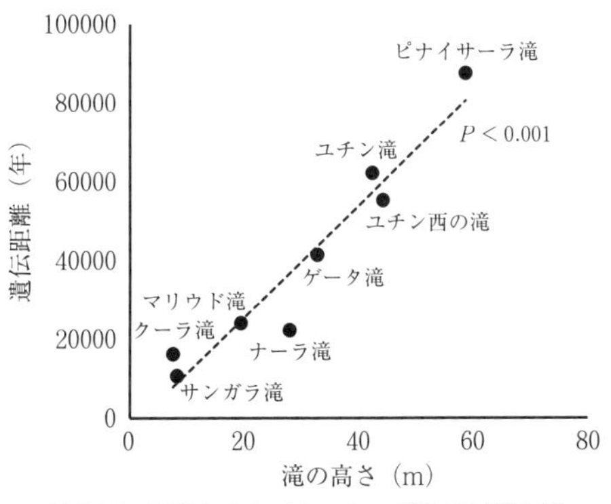

図 3.17　各滝上のキバラヨシノボリの隔離時間

各滝の高さと，そのキバラヨシノボリがクロヨシノボリとどれほど遺伝距離が離れているのかを示したもの．（Kano *et al*. 2012, Fig.5 を改変）

異速度から計算したところ，たとえばピナイサーラの滝上のキバラヨシノボリは8万8千年隔離されていたことがわかった．この滝の高さが59 mであるため，約100年間で6-7 cmの速度で滝が成長していることになる．この6-7 cm/100年の浸食速度は，他の地質学的な研究と比較しても妥当な数字となっており，筆者の仮説である3つ目の理由「始めから魚はずっとそこに棲んでおり後に滝ができた」はかなり現実味を帯びてくる．

各滝上のキバラヨシノボリはクロヨシノボリから独立に進化したにもかかわらず，みな似たような形態になっている．これを一般に平行進化という．ただし各滝上のキバラヨシノボリが本当に平行進化であるかどうかは，核DNA（細胞核に含まれるDNAで，ミトコンドリアDNAと比べると情報量が6桁ほど多い）による別の遺伝子研究では否定的な結果が出ており，今後，詳細な検証が必要である．また，奄美大島の各滝上に分布するキバラヨシノボリについては，このような平行進化性の傾向はまったく見られない上，遺伝子的に二者は明確に区別できない．母性的な地形を持つ奄美大島の滝は西表島ほど明確な滝が少ないため，キバラヨシノボリとクロヨシノボリが頻繁に交雑し，遺伝子レベルでの隔離が不充分であることが考えられる．また，将来的には，西表島のキバラヨシノボリと奄美大島のキバラヨシノボリは別種となる可能性があるだろう．場合によっては，西表島の各滝上のキバラヨシノボリがそれぞれ別種であることさえもありうる．

なお，収斂（2.4節）と平行進化はよく似ているが，収斂が別々のものが同じ傾向に収束するのに対し，平行進化は同じものから独立に進化したにもかかわらずやはり同じ傾向を持つことを言う．

屋久島の滝々と淡水魚

現在，屋久島に純淡水魚はいない．かつてはドジョウ類，フナ類，ミナミメダカが周縁の低地や水田地帯に生息していたがそれらはすでに絶滅している（3.3 節）．そのため，屋久島の河川は，通し回遊魚によって特徴づけられる淡水魚類相となっている．一方屋久島は，南西諸島の中でももっとも急峻な地形を有しており，やはり滝が点在する．そしてそれらの滝は西表島以上に多く，規模も大きい．そのため屋久島において滝は，通し回遊魚の遡上を妨げ，その分布に決定的な影響を与えている．**図 3.18** は筆者らが屋久島の 55 地点で調査を行った結果得られた，魚類の分布情報である．屋久島の河川のほとんどは海から数 km も遡れば，たいてい大きな滝がある．したがってそれより内陸の山岳地帯の渓谷には，まったく魚がいない静寂の空間が広がっている．ただし一部の渓谷には，かつて 1960-90 年代に放流されたヤマメやウグイの陸封型が国内移入種として定着しているようだが，密度は高くない．屋久島という特殊な環境にはなかなか適応できないようだ．一方で周縁部の滝下には，

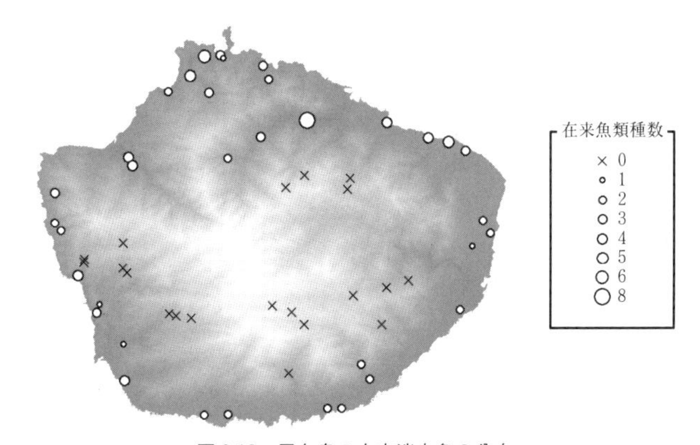

図 3.18　屋久島の在来淡水魚の分布
屋久島の内陸の山岳地帯に在来淡水魚はいない．（Kano *et al*. 2014, Fig.1 を改変）

ちょっと潜水して目視観察しようものなら，ハゼ類を中心に膨大な数の通し回遊魚が群れている．

西表には滝上にキバラヨシノボリがいたが，屋久島にはいない．クロヨシノボリは屋久島にもいるため，同じようにキバラヨシノボリとして陸封進化するチャンスはあったはずである．なぜ屋久島でキバラヨシノボリへの進化がなかったのか，明確な理由はよくわからない．推測される理由の1つとして，屋久島の渓流があまりにも急峻すぎることが考えられる．屋久島の渓流は雨でも降ろうものなら，ものすごい勢いで水が流れ落ち，さすがの魚もこれには勝てずに流れ落ちるのではないだろうか．

上述したように，屋久島の滝の上には基本的に魚がいない．しかし，数ヶ所だけ例外があった．中でも特に驚いたのが，大川の滝という高さ88 mの滝上にごくわずかながらクロヨシノボリが生息していたことである．そしてそのサイズは滝下のものに比べて極端に大きかった（**図 3.19**）．生体重で3倍ほど大きい．滝上は魚類の密度が著しく低く，種内競争も種間競争もほとんどないため，好きなだけ餌を食べることができ，大きく成長したと考えられる．さらに**図 3.20** は，大川の滝の滝上と滝下でクロヨシノボリの安定同位体比を比較したものである．横軸の炭素 (C) に関する値は，滝上のクロヨシノボリが陸上起源の植物由来の栄養を摂取し，滝下のクロヨシノボリは水中の藻類起源の栄養を摂取していることを概ね示している．また縦軸の窒素 (N) に関する値は栄養段階を表し，滝上のクロヨシノボリは滝下に比べて，食物連鎖においてより高い位置にいることを示している．つまり滝上のクロヨシノボリは，落下昆虫などの質のいい餌を食べており，滝下のクロヨシノボリは藻類そのものや藻類を餌にする水生昆虫などをおもに食べていて食物連鎖の中では低い位置にあることを示している．これは滝の上下で魚類の

父性をむき出しにした急峻な屋久島（3.4 節）とは対照的に，心安らぐ母性的な景観が特徴的である．

白神山地の奥地の渓流域には 2 種しか淡水魚がいない．イワナとカジカである．いずれも本来は通し回遊魚であるが，陸封化・河川型化したものである（ただしカジカについては陸封の歴史が長いため，回遊型とは別種として区別される）．白神山地では，個体数や資源量でいえばイワナが圧倒的であり，カジカはごくまれに見かける程度である．筆者らは，この白神山地の中でも世界遺産の核心地域として保護されている，特に状態のいい河川で研究調査を行った（**図 3.21**）．そのため，種間競争や人為の影響を気にすることなく，純粋にイワナと河川の関係について調べることができた．

図 3.21　白神山地の風景

白神はブナが有名であるが，沢沿いはサワグルミやカツラ（奥に見える大木）なども見られる．手前の魚影は全長 20〜25 cm ほどのイワナ．→ 口絵 8 参照．

生息空間スケールとイワナ個体群の応答

生態学に「環境収容力」という基本的な概念がある．ある環境において，そこに持続的に存在できる生物の最大量のことである．上述したように白神山地の環境は原生の状態であり，イワナも種間競争にほとんどさらされることなく生息している．そのため白神のイワナの資源量はそのまま白神の環境収容力を表しているだろう．筆者らはそのような興味から，白神山地核心地域の 16 地点においてイワナ個体群をモニタリングし，その個体数や資源量を洗い出した．

一口に渓流と言っても，ちょろちょろと流れる細流から，飛び込んで遊ぶことができるほどの流れまで，川の空間的な規模には変異がある（**図 3.22**）．イワナ生息場としての空間は，源流域では特には背びれが水面に出てしまうほど小さく，本流域では群れをなして悠々と泳げるほど広い．この川の空間的な規模は「集水面積」で表される．集水面積は文字通りその地点において，どれだけの範囲の雨水を集めて水が流れているかを表した数値である．地下への浸透

図 3.22　イワナ生息場空間スケールの変異
上流から下流にかけて，イワナ生息場としての空間スケールは徐々に大きくなる．数字は集水面積．

や蒸発散を無視すれば，集水面積は基本的に川の流量に比例するため，そのまま河川規模を示す数値となる．**図 3.23** はその集水面積とイワナ資源量（個体密度・生物量）の関係を示したものである．河川の長さあたりの資源量は，当然集水面積の増加に伴い増加するが，この結果には重要な点が2つある．1つは，資源量は集水面積というたった1つのパラメータだけで概ね説明できるという点である（相関係数の2乗値である R^2 が 0.8 前後）．資源量の大部分が河

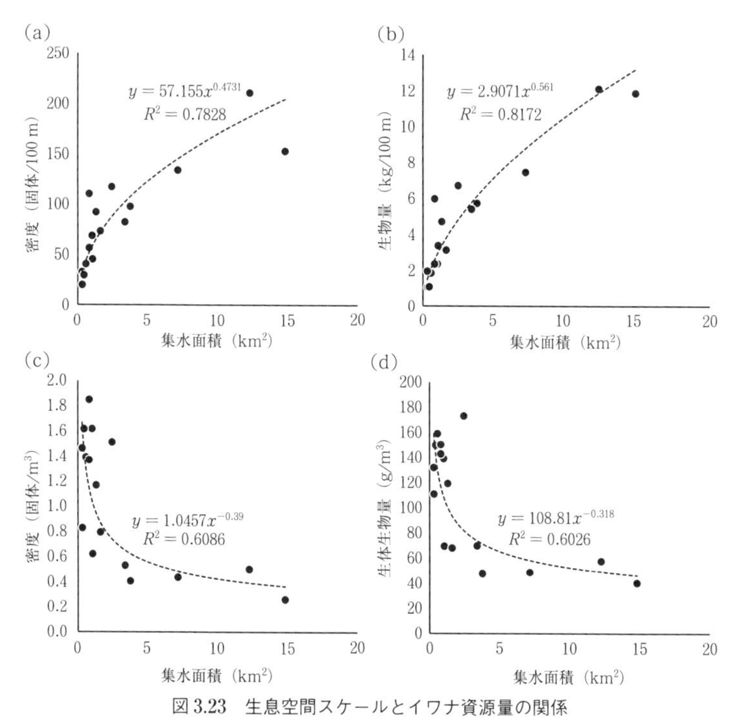

図 3.23　生息空間スケールとイワナ資源量の関係

河川距離（100 m）あたりにおける，(a) イワナ成体の個体数と (b) 生物量，および (c) 河川体積（1 m³）あたりの個体数および (d) 生物量．近似曲線は累乗近似．（鹿野ほか 2001，図 2，図 3 を改変）

川規模だけで説明できることは，白神山地がいかに人為的影響を受けずに原生の状態であるかを示している．もう1つは，資源量が単純に河川規模に一次に比例してはおらず，非線形の関係にある点である．河川規模の増大に伴う単位体積あたりのイワナ資源量は，大きい流域ほど低い．つまり同じ面積の流域でも，深い谷が一本走りそこに本流ができる地形よりも，細い沢が網目状にたくさんある複雑な地形のほうがより多くのイワナを収容できることを示している．このような空間規模と生物量の非線形の関係には，河川の環境収容力における，なんらかの本質的な法則が隠されているような気がしており，筆者が今後もっとも追求したい課題の1つでもある．

生態学の基本は生き物の個体数を数えることであり，世界に類を見ない原生林の中でシンプルにイワナの数を数えた本研究は，自身の多くの研究の中でももっとも生態学らしいものであったと振り返る．近年は社会問題に直結する応用研究が盛んで，このような一見世の中の役に立たない基本的な生態研究には，残念ながらなかなか予算もつかず，人材も育ちにくい．

繁殖期の移動

白神の夏は短い．9月下旬にもなれば谷には冷気が満ち，落葉樹の葉はくすみを帯びる．そしてイワナにとって最大のイベント，繁殖が始まる．ふだんイワナはほとんど場所を移動しない．イワナの日常の活動は，せいぜい数十メートルの範囲にとどまり，常に同じ場所にいようとする傾向が強い．しかし繁殖期になると，大きな移動が始まる．**図 3.24** は，白神の河川にトラップを設置し，繁殖期のイワナの移動を把握したものである．10月，水温が10度を切り始めるとイワナはより上流へと移動を開始する．筆者らが把握できた限りでは最長で5 km ほどの移動が確認できた．そして移動のほ

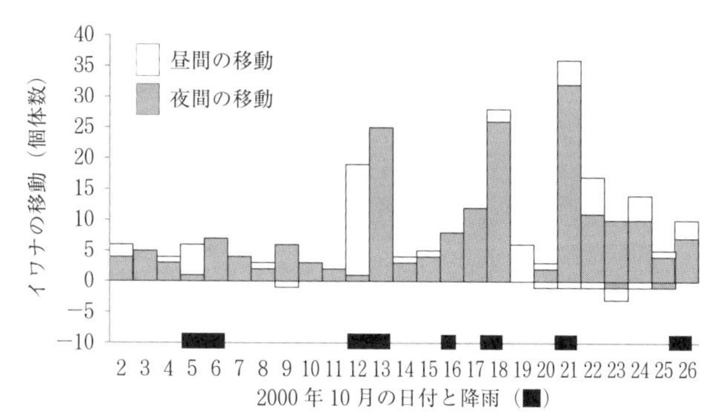

図 3.24 繁殖期におけるイワナの移動

トラップにより確認したイワナ個体数．上流への移動を正，下流への移動を負で示す．

とんどは，夜間や降雨の後に起こるようだ．

なぜこのような移動が起こるのか，また，なぜ夜間や降雨時に移動が起こるのかは明確にはわからない．メディアではサケが群れをなして秋の川を遡上して繁殖するシーンがよく紹介されるが，イワナもサケの仲間であるためそのような性質を系統的に内包しており，流域内での箱庭的な回遊のようなものを行っているのかもしれない．

Box 12 イワナの多様性

イワナは北海道から本州の山地に広く分布する渓流魚であるが，模様や姿形が地域によって違っているため，いくつかの亜種や地域型に細分化されることがある．エゾイワナ（アメマス）(*Salvelinus leucomaenis leucomaenis*) は北海道から東北・新潟に，ニッコウイワナ (*S. l. pluvius*) は中部地方に，ヤマトイワナ (*S. l. japonicas*) は中部地方西部と奈良県，ゴギ (*S. l. imbrius*) は山陰地方に分布する．ただしイワナは渓流釣りの対象であるため，養殖されて放流されることが多い．養殖されるのはニッコウイワナの場合が多く，たとえば養殖のニッコウイワナがヤマトイワナの分布域などに放流されることもあり，現在の分布域は本来のそれからは乱れているようだ．

ヤマトイワナの中でも，紀伊山地にはキリクチと呼ばれる地方型の個体群が分布する．これは氷河期に分布を広げていたヤマトイワナが，現在でもかろうじて紀伊の山奥に遺存的に残ったものと思われる．紀伊山地は，その他に白い大きい花をつけるオオヤマレンゲや蒼い体が美しいオオダイガハラサンショウウオ（ただし近年は他の地域個体群とは別種として扱う場合が多い）など，飛び地様に分布する種が多く，生物地理学的に興味深い地域である．なお，これらの氷河期の遺存個体群は総じて，地球温暖化が１つの脅威となる．

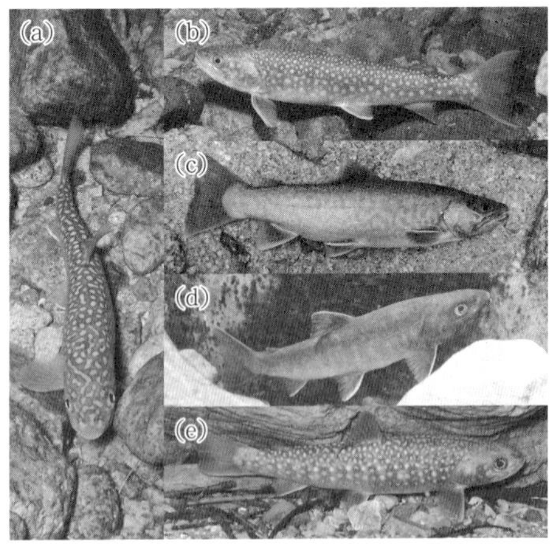

図　イワナ

(a) 頭部の虫食い模様が目立つゴギ（島根県）．(b) 雨粒模様が目立つエゾイワナもしくはそれに近い系統（新潟県）．(c) ヤマトイワナの中でも特に変わった模様を持つナガレモンイワナ（滋賀県）．(d) 模様が不明瞭なキリクチ（奈良県）．(e) 黄色味の強いニッコウイワナ（放流個体と思われる）（岐阜県）．

参考文献

阿部 司 (2012) アユモドキ (*Parabotia curta*) の氾濫原環境への適応と繁殖場所の保全・復元. 応用生態工学 **15**: 243-248

Albrecht C, Föller K, Clewing C, *et al.* (2014) Invaders versus endemics: alien gastropod species in ancient Lake Ohrid. *Hydrobiologia* **739**: 163-174

安渓遊地・当山昌直（編）(2011) 奄美沖縄環境史資料集成. 南方新社

Blob RW, Kawano SM, Moody MN, *et al.* (2010) Morphological selection and the evaluation of potential tradeoffs between escape from predators and the climbing of waterfalls in the Hawaiian stream goby *Sicyopterus stimpsoni*. *Integrative and Comparative Biology* **50**: 1185-1199

Brockie RE, Loope LL, Usher MB, *et al.* (1988) Biological invasions of island nature reserves. *Biological Conservation* **44**: 9-36

Covich AP, Crowl TA, Hein CL, *et al.* (2009) Predator-prey interactions in river networks: comparing shrimp spatial refugia in two drainage basins. *Freshwater Biology* **54**: 450-465

藤原 治・三箇智二・大森博雄 (1999) 地層処分からみた日本列島の隆起・侵食に関する研究. 原子力バックエンド研究 **11**: 113-124

Gutreuter S, Vallazza JM, Knights BC (2006) Persistent disturbance by commercial navigation alters the relative abundance of channel-dwelling fishes in a large river. *Canadian Journal of Fisheries and Aquatic Sciences* **63**: 2418-2433

本田裕子 (2015) トキの野生復帰事業の展開に伴う住民意識の変容. 農村計画額会誌 **34**: 297-302

本間義治 (1961) 佐渡ヶ島の淡水魚（付）最近の佐渡産魚類に関する研究の紹介. 佐渡博物館研究報告 **8**: 9-14

Huang L, Li J, Kano Y, *et al.* (2014) Microhabitat use and population structure of a Chinese kissing loach, *Leptobotia tchangi*, in the

North Tiaoxi River, China. *Open Journal of Ecology* **4**: 337-345
井口恵一朗・淀 太我・片野 修 (2003) 西表島の水田用水系に出現する魚類の生息環境. 魚類学雑誌 **50**: 115-121
今井秀行・米沢俊彦・立原一憲 (2017) ミナミメダカ琉球型個体群における他個体群の放流による遺伝的撹乱の初事例. 日本生物地理学会会報 **71**: 121-129
乾 偉大・桑原 崇・鈴木賀与ほか (2013) 沖縄県八重山諸島で確認されたチョウ類, 陸水性魚類, 鳥類. 近畿大学農学部紀要 **46**: 277-298
岩田明久 (2006) アユモドキの生存条件について水田農業の持つ意味. 保全生態学研究 **11**: 133-141
鹿野雄一 (2009) 水辺の生き物 in 佐渡ヶ島. 九州大学流域システム工学研究室〈http://ffish.asia/pdfs/AquaAnimalSadoJpn.pdf〉(アクセス 2017 年 11 月 10 日)
鹿野雄一 (2015) 太湖流域チャオシー川の淡水魚とその多様性. 水環境グループ (編)『太湖流域における水環境の保全に関する研究』花書院, pp. 41-55
Kano Y, Iida M, Tetsuka K, *et al.* (2014) Effect of waterfalls on fluvial fish distribution and landlocked Rhinogobius brunneus populations on Yakushima Island, Japan. *Ichthyological Research* **61**: 305-316
Kano Y, Kawaguchi Y, Yamashita T, *et al.* (2010) Distribution of the oriental weatherloach, *Misgurnus anguillicaudatus*, in paddy fields and its implications for conservation in Sado Island, Japan. *Ichthyological Research* **58**: 180-188
鹿野雄一・村上興正・鎌田直人 (2001) 白神山地のイワナ資源量. 関西自然保護機構会誌 **23**: 91-97
Kano Y, Musikasinthorn P, Iwata A, *et al.* (2016) A dataset of fishes in and around Inle Lake, an ancient lake of Myanmar, with DNA barcoding, photo images and CT/3D models. *Biodiversity Data Journal* **4**: e10539
鹿野雄一・中島 淳 (2014) 小-中型淡水魚における非殺傷的かつ簡易な魚体

撮影法．魚類学雑誌 **61**: 123-125

鹿野雄一・中島 淳・水谷 宏ほか (2012) 西表島におけるドジョウの危機的生息状況と遺伝的特異性．魚類学雑誌 **59**: 37-43

Kano Y, Nishida S, Nakajima J (2012) Waterfalls drive parallel evolution in a freshwater goby. *Ecology and Evolution* **2**: 1805-1817

Kano Y, Sato T, Huang L, *et al.* (2013) Navigation disturbance and its impact on fish assemblage in the East Tiaoxi River, China. *Landscape and Ecological Engineering* **9**: 289-298

鹿野雄一・高田（遠藤）未来美・山下奉海ほか (2017) 奄美琉球におけるフナの生息状況と体色多型．魚類学雑誌 **64**: 95-105

鹿野雄一・山下奉海・田中亘ほか (2017) 南西諸島におけるニホンウナギの生息状況と地方名から推測されるオオウナギとのハビタットの違い，および生息場としての水田環境の重要性．魚類学雑誌 **64**: 43-53

Kano Y, Watanabe K, Nishida S, *et al.* (2011) Population genetic structure, diversity and stocking effect of the oriental weatherloach (*Misgurnus anguillicaudatus*) in an isolated island. *Environmental Biology of Fishes* **90**: 211-222

川那部浩哉・水野信彦（編）(2001)『日本の淡水魚 改訂版』山と渓谷社

Kennard MJ, Arthington AH, Pusey BJ, *et al.* (2004) Are alien fish a reliable indicator of river health? *Freshwater Biology* **50**: 174-193

Kitamura J (2007) Reproductive ecology and host utilization of four sympatric bitterling (Acheilognathinae, Cyprinidae) in a lowland reach of the Harai River in Mie, Japan. *Environmental Biology of Fishes* **78**: 37-55

Kitamura J, Nagata N, Nakajima J, *et al.* (2012) Divergence of ovipositor length and egg shape in a brood parasitic bitterling fish through the use of different mussel hosts. *Journal of Evolutionary Biology* **25**: 566-573

小出水規行・竹村武士・渡辺恵司ほか (2009) ミトコンドリア DNA によるドジョウの遺伝特性．農業農村工学会論文集 **259**: 7-16

Kolbe JJ, Glor RE, Schettino LRG, *et al.* (2004) Genetic variation increases during biological invasion by a Cuban lizard. *Nature* **431**: 177–181

Larson DW, Matthes U, Kelly PE (2000) *Cliff ecology*. Cambridge University Press

Loope LL, Hamann O, Stone CP (1988) Comparative conservation biology of oceanic archipelagoes: Hawaii and the Galápagos. *BioScience* **38**, 272–282

Mishina T, Takada M, Takeshima H, *et al.* (2014) Molecular identification of species and ploidy of Carassius fishes in Lake Biwa, using mtDNA and microsatellite multiplex PCRs. *Ichthyological Research* **61**: 169–175

水谷正一・森 淳 (2009)『春の小川の淡水魚』学報社

中井克樹 (2002) 琵琶湖における外来魚問題の経緯と現状. 遺伝 **56**: 35–41

中島 淳・鹿野雄一 (2014) 沖永良部島における *Xiphophorus maculatus* (Günther, 1866) の定着記録と新標準和名サザンプラティフィッシュの提唱. 魚類学雑誌 **61**: 48–51

Nakajima J, Sato T, Kano Y, *et al.* (2013) Fishes of the East Tiaoxi River in the Zhejiang Province, China. *Ichthyological Explorations of Freshwaters*, **23**, 327–343

中島 淳・佐藤辰郎・鹿野雄一ほか (2015) 中国太湖周辺における淡水魚介類食文化の記録. ボテジャコ **19**: 33–41

中島 淳・内山りゅう (2017)『日本のドジョウ』山と渓谷社

中村智幸 (1998) イワナにおける支流の意義. 森 誠一（編）『自然復元特集 4 魚からみた水環境—復元生態学に向けて（河川編）』信山社サイテック, pp. 177–187

Nakamura T, Maruyama T, Watanabe S (2002) Residency and movement of stream-dwelling Japanese charr, *Salvelinus leucomaenis*, in a central Japanese mountain stream. *Ecology of Freshwater Fish* **11**: 150–157

西田 睦・鹿谷法一・諸喜田茂充 (2004)『琉球列島の陸水生物』東海大学出版会

Nishikawa K, Matsui M (2014) Three new species of the salamander genus *Hynobius* (Amphibia, Urodela, Hynobiidae) from Kyushu, Japan. *Zootaxa* **3852:** 203-226

Ohara K, Takagi M, Hashimoto M, *et al.* (2008) DNA markers indicate low genetic diversity and high genetic divergence in the landlocked freshwater goby, *Rhinogobius* sp YB, in the Ryukyu Archipelago. *Zoological Science* **25:** 391-400

太田五雄 (2006)『屋久島の山岳』南方新社

尾崎紅葉 (1904)『煙霞療養』春陽堂

Rahel FJ (2007) Biogeographic barriers, connectivity and homogenization of freshwater faunas: it's a small world after all. *Freshwater Biology* **52:** 696-710

Rosso JJ, Sosnovsky A, Rennella AM, *et al.* (2010) Relationships between fish species abundances and water transparency in hypertrophic turbid waters of temperate shallow lakes. *International Review of Hydrobiology* **95:** 142-155

Rundle HD, Nagel L, Boughman JW, *et al.* (2000) Natural selection and parallel speciation in sympatric sticklebacks. *Science* **287:** 306-308

斉藤憲治・片野 修・小泉顕雄 (1988) 淡水魚の水田周辺における一時的水域への侵入と産卵. 日本生態学会誌 **38:** 35-47

桜井国俊・砂川かおり・仲西美佐子ほか (2012)『琉球列島の環境問題』高文研

Sato T (2007) Threatened fishes of the world: Kirikuchi charr, *Salvelinus leucomaenis japonicus* (Oshima 1961) (Salmonidae). *Environmental Biology of Fishes*, **78:** 217-218.

嶋津信彦 (2016)『沖縄島の外来魚ガイド』しまづ外来魚研究所

Wolter C, Arlinghaus R (2003) Navigation impacts on freshwater fish assemblages: the ecological relevance of swimming performance.

Reviews in Fish Biology and Fisheries **13**: 63–89

Yamamoto G, Takada M, Iguchi K, Nishida M (2010) Genetic constitution and phylogenetic relationships of Japanese crucian carps (*Carassius*). *Ichthyological Research* **57**: 215–222

柳田国男・森永俊太郎 (1969)『稲の日本史（上）』筑摩叢書

安室 知 (1998)『水田をめぐる民俗学的研究』慶友社

Yonezawa T, Shinomiya A, Motomura H (2010) Freshwater fishes of Yaku-shima Island, Kagoshima Prefecture, southern Japan. In: Motomura H, Matsuura K (eds.) *Fishes of Yaku-shima Island*. *National Museum of Nature and Science*, pp. 249–261

現場調査に関する付記

2.1　カンボジア

調査期間：2014 年 6 月～2016 年 10 月

共同研究者・協力機関：So Nam, Phanara Thach, 打木研三, 佐藤智之, 山下奉海, カンボジア水産局, シェムリアップ淡水魚研究所, 長尾自然環境財団

研究費・助成：環境省環境研究総合推進費, 文部科学省博士課程教育リーディングプログラム

2.2　半島マレーシア

調査期間：2010 年 10 月～2013 年 2 月

共同研究者・協力機関：Mohad Shalahuddin Adnan, Zulkafli Abdul Rashid, 宮崎佑介, 西田伸, 満行知花, 佐藤辰郎, 富山雄太, 山下奉海, マレーシア内水面研究所

研究費・助成：文部科学省グローバル COE プログラム, 環境省環境研究総合推進費

2.3　サラワクマレーシア

調査期間：2013 年 5 月～2014 年 6 月

共同研究者・協力機関：Jason Hon, Mohd Khairulazman, 鮫島弘光, 京都大学大学院アジア・アフリカ地域研究研究科, サラワク森林局

研究費・助成：文部科学省グローバル COE プログラム, 環境省

環境研究総合推進費

2.4　ミャンマー・インレー湖

調査期間：2014年9月～2016年7月

共同研究者・協力機関：Prachya Musikasinthorn，Sein Tun，LKC Yun，Seint Seint Win，岩田明久，田畑諒一，松井彰子，山崎剛史，渡辺勝敏，FREDA Myanmar，ミャンマー森林局

研究費・助成：文部科学省科学研究費，文部科学省博士課程教育リーディングプログラム

2.5　水力発電ダム開発とメコン川の未来

調査期間：2007年7月～2014年6月

共同研究者・協力機関：David Dudgeon，Chaiwut Grudpan，Jarungjit Grudpan，Wichan Magtoon，Prachya Musikasinthorn，So Nam，Phuong Thanh Nguyen，Bounthob Praxaysonbath，Apinun Suvarnaraksha，Phanara Thach，Dac Dinh Tran，打木研三，鮫島弘光，渋川浩一，島谷幸宏，田中亘，山下奉海，渡辺勝敏，カンボジア水産局，シェムリアップ淡水魚研究所，長尾自然環境財団

研究費・助成：文部科学省グローバルCOEプログラム，環境省地球環境研究総合推進費，文部科学省博士課程教育リーディングプログラム

3.1　中国太湖流域，チャオシー川

調査期間：2009年9月～2012年5月

共同研究者・協力機関：北村淳一，佐藤辰郎，遠山弘法，中島淳，黄亮亮，矢原徹一，李建华，劉佳，同済大学，太湖流域管

理局

研究費・助成：文部科学省グローバル COE プログラム，環境省環境研究総合推進費

3.2　佐渡ヶ島

調査期間：2007 年 8 月〜2009 年 9 月

共同研究者・協力機関：Chris Wood，柿岡諒，河口洋一，田中亘，斉藤慶，島谷幸宏，西田伸，山下奉海，渡辺勝敏

研究費・助成：環境省地球環境研究総合推進費

3.3　南西諸島・奄美琉球地域

調査期間：2000 年 4 月〜2016 年 11 月

共同研究者・協力機関：菅野一輝，小山彰彦，高田未来美，田中亘，立澤史郎，中島淳，山下奉海，琉球大学

研究費・助成：農林水産省委託プロジェクト研究，文部科学省博士課程教育リーディングプログラム

3.4　西表島と屋久島，滝と淡水魚

調査期間：2010 年 9 月〜2012 年 6 月

共同研究者・協力機関：飯田碧，加藤史弘，斎藤俊浩，佐藤辰郎，手塚賢至，中島淳，西田伸，屋久島生物多様性保全協議会

研究費・助成：文部科学省科学研究費，文部科学省グローバル COE プログラム，藤原ナチュラルヒストリー財団

3.5　白神山地

調査期間：2000 年 6 月〜2000 年 10 月

共同研究者・協力機関：鎌田直人，村上興正，藤里森林センター

研究費・助成：関西自然保護機構

おわりに

はじめにも述べたように，筆者はこれまでひたすら現場にこだわって生物多様性や生態学の研究を続けてきた．その中で，いったいなぜ生物多様性に価値があるのか，という基本的な疑問を常に抱き続けてきた．もちろんこの「なぜ生物多様性に価値があるのか」という古典的な議論にはすでに多くの理念や理論があり，書籍も十分にある．しかし筆者はこれらの書籍をまじめに読んだことはない．読書嫌い，勉強嫌いということもあるが，この疑問に対する自分なりの回答を得たいと思っているからだ．ようやく見えてきた筆者自身の回答として，まるで禅問答のようで批判も承知であるが，なぜ生物多様性に価値があるのかを考えることには意味はなく，もしかしたら生物多様性のようなものひいては多様性やそれを構成する要素こそ「価値」と定義づけられると考えるのが，よりシンプルではないかと思うようになっている．

少なくとも筆者にとって，この価値で満ち溢れた，野生の魚たちが生きる現場ほど楽しい場はない．筆者だけではなく多くのフィールドワーカーにとって，現場を抜きにした研究活動は考えられないだろう．一方で現場だけでは科学として成り立たない．科学として成立させるには，現場にある個々の具体的な事象を一般化して言語化しなければならない．一般化するこの過程は，筆者にとっては自分の身を削る思いでもある．現場では，さまざまな例外も含め，あんなこともこんなこともあったのに，言語化されたとき，いよいよその価値の大半は失われているからだ．

現場調査をともなう生物多様性科学は，もしかしたら数学や化学など答えが1つしか無い純粋な科学とはやや性質を異にするものかもしれない．現場という木材を彫刻刀で削りながらどのような形にしていくのか，現場で拾った文字たちをどう繋げて自己表現していくのか．もし別の研究者が同じ現場で同じような調査をしたとしても，現場に眠っている「価値と意味の海」の中から何を拾い出しどう解釈するかはその人次第であろう．本書にしてもしょせん，私と現場との間の1つの物語にすぎない．

易経に「中(ちゅう)する」という概念がある．陰と陽，2つの矛盾するものを，そのときその場の状況で適切に働きかけることで，より高い次元において統合することである．おそらく現場に重きを置く自然科学研究者は，この「中する」ところに1つのあり方があるだろう．現場をそのまま伝えることは不可能であるし，それをただ一般化して結論付けるのもつまらない．現場と一般化のどちらにも偏ることなく具体と抽象を行ったり来たりすること，その動的な概念こそが生物や自然を哲学する上でもっとも真摯な姿勢であると筆者は信じている．

本書では，モンスーンアジアの魚たちが逞しく生きる現場のリアリティを，できるだけありのままに伝えたつもりである．そして，筆者なりにそれをどう考え，どう理解したのかも，限られたスペースではあるができるだけ多く紹介した．決して「中する」ほど立派な形で表現できたとは思ってはいないが，現場に生きる魚たちの鼓動や躍動感，そして筆者の淡水魚に対する思いが少しでも伝わったであろうことを願っている．そしてもし読者の一人でも，淡水魚や野生生物が逞しく生きる現場に向かい，自身の物語を創るきっかけになれば幸いである．

本書を書くに当たり，また現地調査を行うにあたり，岩田明久さん，打木研三さん，柿岡諒さん，北村淳一さん，鮫島弘光さん，佐藤辰郎さん，佐藤智之さん，渋川浩一さん，島谷幸宏さん，高村典子さん，中島淳さん，布施健吾さん，プラチヤームシカシントーンさん，本村浩之さん，矢原徹一さん，山下奉海さん，渡辺勝敏さん（50音順）には大変お世話になりました．この場を借りて御礼申し上げます．

アジアの淡水魚，その魅力を将来へ

コーディネーター　高村典子

過去35億年の地球上の生命進化の歴史において，地質学的に見て短い期間（おおむね200万年程度，もしくはもっと短い期間）に75%以上の種が絶滅したイベントを「大絶滅」と呼んでいる．化石等の研究から地球上の生命はこれまで5回の大絶滅を経験したとされる．その5回目は6500万年前の恐竜の絶滅に相当する．一般に，ある共通の形態的特徴を有し，遺伝子の交流があり子孫を残すことができる生物集団を「種」と定義している．「種」は，いつかは絶滅する．もちろん，古生代デボン紀からの生き残りと言われるシーラカンスのように2〜5億年という極めて長い時間，奇跡的に命を繋ぐ種もいれば，短いものもあると思うが，評価のための何らかのベースラインは必要で，哺乳動物の化石の研究に基づいて，絶滅の頻度を1000年あたり1000種の内の0.1〜1種程度としている．こうした化石の研究，種の絶滅についてのこれまでの記録，そして現在の種の絶滅リスク推定をもとに評価すると，現代は第6回目の大絶滅の時代とするにふさわしいという[1]．その速度はベースラインの50〜500倍，絶滅した可能性のある種も含むと1000倍以上に達するとされる．原因は，急激に増大している，我々人間の経済活動にある．

国際自然保護連合（IUCN）は1996年8月から継続して地球規模での生物種の絶滅リスク推定を行い，2015年2月までに，脊椎動物や裸子植物などを中心に76,000種の評価を実施した．これは，全記載種 170 万種のまだ 4% に過ぎないものの，哺乳類と鳥類では 100%，両生類で 87%，裸子植物で 96% の評価が終了しており，絶滅危惧種の割合は，順に 26%，13.4%，41%，40% にも達している．全脊椎動物種の約半数を占める魚類については評価が遅れている．

通し回遊魚まで含めると魚類の 48%（15,750 種）は淡水魚である．淡水域は地球全表面積のたった 0.8% なので，淡水域は生物多様性の宝庫と言える．その淡水域は，淡水魚種の分布に基づき 426 のエコリージョンに分けられる．エコリージョンとは，気候，地質，生物進化の歴史に基づく地理区分で，生物多様性の保全を考える上での地理的単位と考えることができる．淡水魚種の約半数は，1 つのエコリージョンにのみ生息する，つまり，固有種である．そのため，地球規模での淡水魚種の絶滅リスク評価は，陸域や海域の脊椎動物種に比べて，より狭い地域範囲での評価を積み重ねていくことになる．現在，ほぼすべての淡水魚種についての評価が完了した地域は，ヨーロッパ，USA，アフリカ，インド，インドビルマ，ニュージーランド，オセアニア，および中東で，その他の地域では部分的な評価が完了したにとどまっている．中でも，情報ギャップが極めて大きいとされているのが，南米の一部の地域ならびに北・東アジアとインドネシアのほとんどの地域[2)]で，生物多様性のホットスポットと言われる地域とも一致する．淡水魚の網羅的な評価を遅らせているのは，種数が多いということに加え，分布域が限定的な種類が多いこと，さらに，その分布が辺鄙な河川源流域や泥炭湿地などで，それこそ，崖の上流や，目視ができないような真っ黒な沼地といった困難な調査を必要とするからである．総じて地球規模での淡水魚種の分布についての知識は改善してはいるもののいまだ不完全で，2002〜2012 年の記録から推定すると淡水魚種では新種が平均して3日に2種の割合で見つかっているとも言われており，調査がまだ不十分であることを研究者は十分認識している．しかし，2014年に公表されたLiving Planet Index† など，他のグローバルな脊椎動物個体群をモニタリングした評価でも示されているように，淡水域の生物多様性の損失は深刻度を増してきており，淡水魚全種についてのアセスメントが終わるまでその保護や保全の施策の実施を待っていられる状況ではない．淡水魚の絶滅リスク評価は全記載種の46％にあたる7300種が終了した段階（2013年）であるが，情報ギャップのある地域は国レベルの評価を用いるなど暫定的としながらも，地球規模での淡水魚の絶滅危惧種の割合は31％と報告されている[2)]．

こうした評価結果は，これらの生物種がこの地球上で命を繋いでいける生息環境が急速に失われている，悪化していることを意味している．種の絶滅は不可逆なイベントなので，種が絶滅してしまうとその種を未来永劫見ることができなくなるだけでなく，我々がよく知らない前に，その種の生活史を通して起こる物質循環など生態系の維持に重要かもしれない機能や，例えば医薬品になるなど人類に多大に貢献するかもしれない知識・情報なども永久に失われてしまう．「そんなことは，代替えの生き物がいくらでもいるし，全動物記載種の数％に満たない脊椎動物種だけの評価で？」と反論されるかもしれない．もちろん，専門家は他の生物群についての評価

---

† Living Planet Index：科学者と公的機関により過去40年以上にわたりモニタリングされてきた，脊椎動物3,038種以上10,380個体群を対象とした各個体群の個体数の変動調査をもとに個体群変動の傾向を表したもので，最新のものは1970～2009年の評価で2014年に公表された．全体で52％の個体群が1970年の状態と比較して，個体数を減少させているとの評価が示されている．中でも淡水域での減少率は76％と，陸域や海域での減少率39％と比べて際だって大きい．

も進めており，サンゴのようにより深刻なグループもある．最近では，生物多様性と生態系機能の間には非線形の正の関係性があることについても科学者の間でコンセンサスが得られてきており，生物多様性を担保することが，生態系の物質循環機能など生物地球化学的な視点からも重要とされる．また，脊椎動物種は生物界でも大型のものが多いため，人に認知されやすく，さらに環境要求性が高いため，それを象徴種やアンブレラ種として保全することで，その種が命を繋いでいけるだけの餌環境や生息域の連続性なども含めた，いわゆる生態系の健全性が担保され，包括的な生物多様性と生態系の保全の手段としても使えるという考えもある．そのため，このような絶滅リスク評価は，生物多様性の状態や生態系の健全性を診断する，そしてそれらの将来を予測する，わかりやすい，1つの有効な「ものさし」を提供すると考えることができる．とはいっても，一般の人々にとって，日々のくらしと直接関係がない，どこか遠い国の森の中，もしくは海や川や湖・沼の中の生き物に迫っている絶滅リスクの増大を，そして，それを引き起こしている自然環境の劣化を，自分の身の回りの出来事と関連づけて捉えることは，実は大変難しいことなのかもしれない．

私たちは，皆，幸福で充実した人生を送りたいと願っている．子どもや孫に幸せな人生を送ってもらいたいと願っている人も多いだろう．幸福の具体的な中身は，ひとそれぞれに異なるかもしれない．しかし，「健康」「安全」「豊かな生活の基本資材」「良い社会的な絆」「選択と行動の自由」は共通した人間の福利の要素と考えられる．そして，これらはさまざまな自然の恩恵によって支えられている．国連のミレニアム生態系評価（2005）は，この自然の恩恵を「生態系サービス」という言葉で表現し，木材，食糧，漁業資源などを「供給サービス」，森林や湿地などで代表される気候調節や水・大気の浄化，昆虫等の花粉媒介などを「調整サービス」，遊びや文化を育む「文化的サービス」，そしてこの3つのサービスを下支えする光合成や分解など，生き物が地球上の物質の循環を駆動する機能，すなわち生態系機能を「基盤的サービス」と位置づけ整理した．その上で24の具体的なサービス項目について2000年前後の状態を評価した．その結果，人間による生態系サービスの利用は急速に増加しているが，約60%に相当する15の生態系サービスは劣化していることが示された．

すでに，熱帯林をはじめとする地球上の自然資源の破壊に対する深刻な懸念から，世界は1992年に生物多様性条約を制定した．2010年には名古屋市で第10回締結国会議（COP10）が開催され，現在，196の加盟国は2020年をゴールとした愛知目標[3)]の達成に向けた取り組みを実施している．しかし，2015年に公表された地球規模生物多様性概況第4版には，その取組みはいまだ不十分との評価がなされている．さらに，2012年4月には生物多様性と生態系サービスのための科学と政策の間のインターフェースを強化するためにIPBES「生物多様性及び生態系サービスに関する政府間科学政策プラットフォーム」が設立された．現在（2017年8月）127ヶ国約1000人の専門家が19のグループに分かれ，2018年までに，1）知識の生成の促進，2）科学的評価による知識の提供，3）政策支援ツールや手法の開発と利用の促進，4）能力開発の4つを活動の柱とした作業を進めている．日本からも約30名の専門家が参加している．ミレニアム生態系評価では，「自然（生物多様性）」，「生態系サービス」，そしてそれらの損失や劣化を引き起こしている，例えば，森林伐採，気候変動，侵略的外来種の侵入，汚染，ダムによる河川の分断化などの「直接的なドライバー」の現状評価ならびに「人類の福利」との関係性に焦点があてられた．IPBESでは，自然がこのように破壊され続けるのは，自然資産やその生態系サービスの多くが，我々人間社会の経済システムの中にカウントされないことに大きな原因があるとの認識から，加えて「人為的な資産（例えば，道路，ダム，技術，金融，知識など）」や「制度・ガバナンス・間接的なドライバー（例えば，土地利用の規制，法規制，社会的規範，経済政策，農業政策）」といった人間社会の要素との関係性にまで踏み込み解析を進めることで，人類が将来の世代も含め持続的に自然の恩恵を受けて暮らしていくための「賢明なる知恵」を産み出すための科学を進展させようとしている．

こうした世界の取組みと連動するように，我々のようなフィールド生態学者にも社会から研究費が付与され関連研究を実施する機会が多くなった．2011〜2015年には環境省の大型プロジェクト「アジア規模での生物多様性観測・評価・予測に関する総合研究」（矢原徹一代表）が実施され，私は陸水域についてのサブテーマ代表を務めた．本プロジェクトは「アジア規模での」との冠がつくように，陸域（森林），海域，陸水域での生物多様性や生態系機能の広域評価が求められた．森林は衛星画像や空中写真による判別がしやすく，例えば森林のフェノロジーを観測することで環境異変などさまざまな情報を得ることができる．しかし，水の中ではこうした広域観測の手法にも限界がある．海域はCensus of Marine Lifeプロジェクトが2000年から10年間実施され，80ヶ国2700名以上の研究者が参加し，世界の海の生物の多様性，分布，個体数の記録が蓄積され，そのデータベース（OBIS）は公的機関によりインターネットを介して利用できるという運用がされている．そうした状況に比べ，広域評価に馴染まない，しかも情報の整備が進んでいない陸水域では，既存情報の整備を進めつつ，自らアジアに調査に出向きデータをとることから始めることになった．鹿野雄一さんは，九大チームを率い東アジアと東南アジアの陸水域に頻繁に出向き現地での魚類調査を精力的に行った．また，長尾自然環境財団の研究活動事業により蓄積された調査データを加え，メコン・チャオプラヤ河流域の魚類のデータベース[4)]を構築した．これは，世界が活用する魚類データベースとして，また，図鑑も十分でないこの地域の魚の同定図鑑として，今後も大いに活用されると思われる．本データに基づき解析されたメコン川流域のダムと温暖化影響の将来予測の論文は，IPBESのアジア・パシフィック地域アセスメントの初回ドラフトのピアレビューの頃，鹿野さんから受理の知らせをもらい引用に加えることができた．

鹿野さんと知り合ったのは10年ほど前，九大で開催されたシンポの懇親会だった．その時，「専門は崖登り」と自己紹介されたと記憶している．プロジェクトの期間中は，アジアの調査で忙しい（はずの）最中，国内の河川調査で風土病にかかり入院するし，私の知る限り下痢にもかかわらずトンレサップ周辺河川の調査をしていた．一方で，地方での会議の隙間時間には，網とバケツ，サンダル履きで魚採りに行ってしまう，そのような人である．本書には，研究論文では書かれない，アジアの淡水魚の生態，そして生業としての漁業，水田漁撈，壁画文化など，淡水魚とアジアの人々の関わり，さらに，今，進んでいる水資源開発や集約的な農林水産業による淡水魚の生息域環境の悪化などが，鹿野さんが現地調査で体感したとおりのリアリティーで綴られている．淡水魚の分布は種特異的で地域限定的である．そのため，研究も保全も対象種と分布地域に限定して考えられがちである．しかし，地球規模でその分布を眺めてみることで，改めて，その多様な淡水魚種の分布の一つひとつが，その土地固有の地史を受けて成立しており，その土地の人々の生活や文化，人の歴史や産業，そして近代化や保全のあり方とも深く関わって成り立っている．そして，その一個体の魚が，さまざまな情報や価値を内包した存在であることを，本書は，思い起こさせてくれるだろう．

引用文献

1) Barnosky AD *et al*. 2011 Has the Earth's sixth mass extinction already arrived? *Nature* **471**:51-57

2) Darwall WRT and Freyhof J (2015) Lost fishes, who is counting? The extent of the threat to freshwater fish biodiversity. pp. 1-36. *Conservation of Freshwater Fishes* (eds. by Closs GP, Krkosek M, Olden JD), http://assets.cambridge.org/97811070/40113/excerpt/9781107040113_excerpt.pdf（アクセス 2017 年 11 月 10 日）

3) 環境省＞みんなで学ぶ，みんなで守る生物多様性＞愛知目標，https://www.biodic.go.jp/biodiversity/about/aichi_targets/index_03.html（アクセス 2017 年 10 月 2 日）

4) Fishes of Mainland Southeast Asia, http://ffish.asia/（アクセス 2017 年 10 月 2 日）

索　引

【欧字・数字】

3 倍体　117
4 倍体　117
ESU　4
α 多様性　14,78
β 多様性　14,61,78
γ 多様性　15

【あ】

アカシア　60
亜種　4,131
アブラヤシ　54,60
奄美大島　122
奄美琉球　109
アユモドキ　97
アンコールワット　37
安定同位体比　124
遺存　5,132
遺伝的距離　121
稲作　29,110
イバン族　63
西表島　119
インダー族　69
インドビルマ区　80
インレー湖　67
ウォレス線　26
鰓呼吸　22

【か】

科　2
外来魚　7,17,56,77,93,102,111,117
攪乱　46
河床　99
河川型　10
河川争奪　6
河畔林　54
貨物船　95
ガラパゴス　5
カルダモン　48
環境収容力　128
観賞魚　34,67
乾燥卵　25
カンボジア　42,85
汽水魚　12
北前船　102
共通種　25
局所分布　98
魚道　106
魚類相　118,123
空間スケール　15,128
空気呼吸　22
系統保存　117
現金収入　49,64
原生林　126
鯉　74
コイ目　20
綱　2

降河回遊 11
硬骨魚綱 2
交雑 72
洪水 7
口内哺育 51
護岸 97
国際河川 84
国内移入 123
国立公園 62
個体群 126
古代湖 67
国境 82
コメ 30
固有種 72

【さ】

最終氷期 26
サイヤブリダム 81
在来 56
在来純淡水魚 115
魚の市場価値 64
魚の名前 64
サトウキビ畑 110
佐渡ヶ島 100
サラワク州 60
シェムリアップ 45
資源量 86,129
市場 31
史前帰化 76
自然再生 109
持続的な資源管理 52
シナリオ 105
姉妹種 25,61
シミュレーション 84
種 2
周縁魚 12
宗教 35
集水面積 128
収斂 79,122
種間競争 18,124,127
取水堰 100,106
種内競争 124
純淡水魚 5
順徳天皇 101
食物連鎖 124
白神山地 126
進化 5
進化的に重要な集団単位 4
侵食 119
浸水林 47
侵略的 113
侵略的な外来魚 72
水源林 61
水質汚染 56
水上家屋 70
水上集落 44
水中写真 45
水田 29
水田稲作 29
水田環境 104
水田漁撈 29,110
水田生態系 57
水力発電ダム 80
スズキ目 20
棲み分け 53
スンダランド 13,25
生活史 99
生態学 130
生物多様性 14
生物多様性ホットスポット 26
生物分類 2
世界遺産 117,127
浙江省 93
絶滅 77
瀬戸内海 6,28
瀬淵構造 53,98

相乗効果　86
遡河回遊　10
属　2

【た】

太湖　92
代替環境　99
大陸移動　6
台湾　114
タウナギ　23
タウナギ目　22
滝　118
濁度　95
多面的な機能　30
淡水魚　3
淡水二枚貝　93
タンパク　85
タンパク源　101
地域型　131
地域固有性　3
地球温暖化　86
チャオシー川　92
中程度撹乱仮説　46
地理的隔離　5
泥炭湿地　66
定置網　44
闘魚　113
通し回遊魚　9,107,118,123
同定　116
東南アジア　19
トキ　100
都市河川　56
ドジョウ　101
土水路　104
土地改良　117
トンレサップ湖　43,84

【な】

ナイルティラピア　72
ナマズ目　21
軟骨魚綱　2
南西諸島　109
ニッチ　79
日本　27
熱帯ジャングル　55
農耕文化　102

【は】

パームオイル　54
バタフライ効果　7
繁殖戦略　51
半島マレーシア　52
氾濫原　8,43
ピートスワンプ　66
東アジア　27
干潟　13,58
非線形　130
氷河期　25,61,100
琵琶湖　78
付加価値米　106
深田　110
フナ　116
プノンペン　47
プランテーション　54
文化　35
平行進化　122
圃場整備　105,110,117
ホットスポット　26

【ま】

毎水面変動　6
マングローブ林　58
ミトコンドリア DNA　121
ミャンマー　67

無顎類　11
メコン川　80
目　2
門　2
モンスーンアジア　19

【や】

屋久島　123
やし油　54
溶存酸素　22,46
四大家魚　34

【ら】

ラオス　85
落下昆虫　56,124
ランカウィ島　57
陸封　10,120
流域の断片化　82
流速　99
両側回遊　9
ローカルマーケット　31
ロングハウス　63

【生物名・学名】

Acantopsis sp　37
Acheilognathus barbatulus　95
Acheilognathus chankaensis　95
Acheilognathus gracilis　95
Acheilognathus imberbis　95
Acheilognathus macropterus　95
Acheilognathus tonkinensis　95
Betta akarensis　68
Betta pugnax　59
Boesemania microlepis　47
Boleophthalmus boddarti　13
Boraras urophthalmoides　36
Brachirus panoides　47
Brachydanio albolineata　36
Carassius cuvieri　116
Celestichthys erythromicron　72
Celestichthys margarita　73
Channa baramensis　26
Channa harcourtbutleri　72
Channa melasoma　26
Channa striata　8,26
Clarias gariepinus　77
Cyprinus carpio　76
Cyprinus intha　71,74
Cyprinus rubrofuscus　71,75
Datnioides undecimradiatus　45
Desmopuntius johorensis　68
Devario regina　59
Dichotomyctere nigroviridis　36
Esomus longimanus　24
Esomus metallicus　24
Garra fasciacauda　45
Glossogobius giuris　77
Glyptothorax fuscus　21
Gymnostomus horai　79
Hemibagrus capitulum　31
Heteropneustes fossilis　77
Inlecypris auropurpureus　36
Labeo rohita　77
Leptobotia tchangi　97
Lobocheilos rhabdoura　53
Luciocephalus pulcher　68
Mastacembelus caudiocellatus　72
Microrasbora rubescens　72
Misgurnus anguillicaudatus　4
Misgurnus sp. Clade A　4
Misgurnus sp. IR　4
Neolissochilus nigrovittatus　72
Notopterus notopterus　37
Orizias javanicus　59
Pangasianodon hypophthalmus　21
Pao baileyi　45

Parambassis ranga 77
Parambassis siamensis 36
Petruichthys brevis 72
Physoschistura shanensis 72
Polynemus aquilonaris 47
Poropuntius schanicus 72
Puntius sophore 77
Rasbora cephalotaenia 68
Rasbora einthoveni 68
Rasbora kottelati 68
Rhodeus fangi 95
Rhodeus ocellatus 95
Rhodeus sinensis 95
Sawbwa resplendens 36
Scaphognathops bandanensis 45
Schistura robertsi 59
Silurichthys marmoratus 68
Silurus asotus 76
Silurus burmanensis 76
Systomus compressiformis 76
Systomus partipentazona 36
Tanakia chii 95
Tetraodon cambodgiensis 47
Tor tambroides 64
Trichopodus labiosa 36
Trichopodus trichopterus 59
Trichopsis pumila 36
Trigonopoma pauciperforatum 68
Wallago leerii 21,64
Wallago sp. 37
Xenentodon cancila 53
Yasuhikotakia morleti 36
アオウオ 33
アカヒレ 112
アジアアロワナ 35,49,50
アブラハヤ 125
アフリカナマズ 79
アヤヨシノボリ 10
アユ 9,107
アユカケ 107
アユモドキ 105
アロワナ類 6
イシドジョウ 6
イワトコナマズ 33
イワナ 125
インダーコイ 71
ウグイ 123
エゾイワナ 131
エソムス 24
オオウナギ 11
オオキンブナ 117
オオクチバス 102
オオクチユゴイ 125
カジカ 127
カダヤシ 25,77,112
カラドジョウ 4
カワヤツメ 10
カンキョウカジカ 107
キタドジョウ 4,101
キタノメダカ 17,102
キノボリウオ 8
キバラヨシノボリ 119
キリクチ 132
キンブナ 117
ギンブナ 117
グッピー 17,77,112
クニマス 3
グラミー 59
クロヨシノボリ 120,124
ゲンゴロウブナ 116
コイ 33,71,74,102
コオロギ 29
ゴギ 131
コクレン 33
ゴマフエダイ 12
サケ 10

サザンプラティフィッシュ 112
サワガニ 29
シノビドジョウ 4,115
シマウキゴリ 107
シマヨシノボリ 107
ジルティラピア 112
シロウオ 11
スジシマドジョウ 105
スズキ 12
スミウキゴリ 107
ゼブラダニ 112
ソウギョ 33
ソードテール 112
タイワンキンギョ 22,113
タウナギ 110,115
タカハヤ 125
タガメ 29
ダトニオ 45,50
ダトニオ・プルケール 50
タナゴ 27,34,93
タニシ 29
タモロコ 102
チャンギアユモドキ 97
中国系ドジョウ 4,101
ティラピア 34,51
ドジョウ 4,17,23,33,59,103,110,123
ナイルティラピア 17,18,79
ナガブナ 117
ナマズ 21,35,76,102,105
ナンヨウボウズハゼ 125
ニゴロブナ 117
ニッコウイワナ 131
ニホンウナギ 11,102,110,115
肺魚 103
ハクレン 33,79
ヒョウモンドジョウ 4
ヒラヨシノボリ 10
ヒレナマズ 8
ビワコオオナマズ 3
フナ 33,102,105,110,115,123
ブルーギル 102,112
ベタ 22,59
ヘラブナ 116
ボウズハゼ 9,118,125
ボラ 12
ホンモロコ 33,79
マダラロリカリア 112
マツダイ 21
ミナミトビハゼ 59
ミナミメダカ 17,110,115,123
ムツゴロウ 13
メカジキ 12
メコンオオナマズ 21
メダカ 17,59
モザンピークティラピア 112
モツゴ 102
ヤマトイワナ 131
ヤマメ 123
ヨシノボリ 27,118
ライギョ 8,35
リュウキュウアユ 10
ルリヨシノボリ 107
レッドコロソマ 79
ローフー 79

著　者

鹿野雄一（かの　ゆういち）

2006年　三重大学生物資源学研究科博士課程修了

現　在　九州大学持続可能な社会のための決断科学センター・准教授・学術博士

専　門　生態学・魚類学

コーディネーター

高村典子（たかむら　のりこ）

1979年　奈良女子大学大学院理学研究科修士課程修了

現　在　国立環境研究所生物・生態系環境研究センター琵琶湖分室・フェロー・学術博士

専　門　陸水生態学

共立スマートセレクション 24

Kyoritsu Smart Selection 24

溺れる魚，空飛ぶ魚，消えゆく魚

—モンスーンアジア淡水魚探訪—

Exploring Freshwater Fishes in Monsoon Asia

2018年2月15日　初版1刷発行

著　者　鹿野雄一　© 2018

コーディネーター　高村典子

発行者　南條光章

発行所　**共立出版株式会社**

郵便番号　112-0006

東京都文京区小日向 4-6-19

電話　03-3947-2511（代表）

振替口座　00110-2-57035

http://www.kyoritsu-pub.co.jp/

印　刷　大日本法令印刷

製　本　加藤製本

一般社団法人
自然科学書協会
会員

検印廃止

NDC 468, 664.69, 663.6, 519.8

ISBN 978-4-320-00924-0

Printed in Japan